かまわぬの
手ぬぐい使い方手帖 最新版

TENUGUI by KAMAWANU – A guide to the Japanese fabric –

はじめに

和のものに触れると、気持ちが温かくなったり、ほっとなごんだりしませんか？　手ぬぐいも、そんな和のアイテムのひとつ。昔も今も、人々に使われ、愛されている道具です。幅33センチ、長さ90センチのただの1枚の布ですが、そのシンプルさゆえに、いろいろな使い方、楽しみ方があるのが、手ぬぐいの魅力でもあります。

本書では、いろいろな視点から集めた手ぬぐいの使い方、楽しみ方を紹介していきます。手ぬぐいを日々使っている人、ハンカチ代わりくらいにしか使っていない人、引き出しにしまいっぱなしになっている人、そして、ちょっと違った楽しみ方を探している人へ。手ぬぐいで暮らしを豊かにするヒントをお届けできれば、とても幸いです。

左ページ、右上から（縞、地染めけし粒つなぎ 紺、霞水色、市松 赤、杉綾 緑、かまわぬ 中、豆絞り 小 青、ひょうたんつなぎ 白茶、和傘、渦巻き 水色、あられ、段縞、地染め豆絞り 赤、よろけ縞 青、丸菊、弁慶縞）

Contents

＊本文中、１つのテーマの初出のみ、かっこ書きで手ぬぐい等の名前を加えました。
手ぬぐい等が複数あるときは、右から順に名前を入れています。
＊手ぬぐいや雑貨につきましては、現在販売されていないものもあります。
＊本文中のデータ、情報は2014年４月現在のものです。

手ぬぐいの基礎知識

サイズ

かまわぬの手ぬぐいの多くは、１尺３尺、およそ33×90センチのサイズです。（かまわぬ 中）

素材

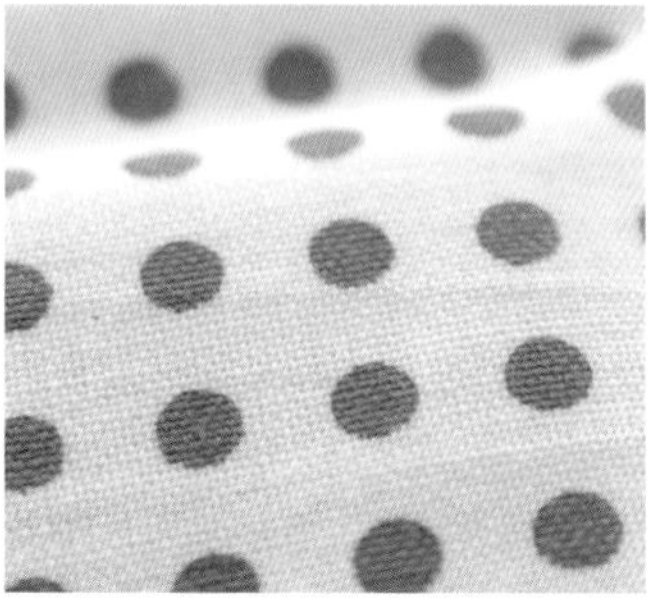

手ぬぐいは晒《さらし》でできています。晒は日本の気候や風土に合い、肌になじむ天然素材の木綿100％。吸水性に優れて乾きやすく、肌触りもソフト。使い込むほどに、やさしい風合いが生まれます。（豆絞り 小 青）

染め方

手ぬぐいの代表的な染めは、「注染《ちゅうせん》」。晒木綿に型を固定し、糊置きしたあと、染料を注ぎ込んで染めます。表裏が同じように染められる点、手染めの風合いがあることが特徴です。（パン）

柄

江戸時代より庶民に親しまれてきた江戸小紋柄をはじめとする伝統的な柄から、現代の感覚で作られた柄まで幅広くあります。縁起かつぎや言葉遊びの柄、意外なモチーフの柄など多種多様。（梅花紋、丸菊）

手ぬぐいのお手入れ方法

1.たっぷりの
水で手洗い。

2.軽くしわを
伸ばす。

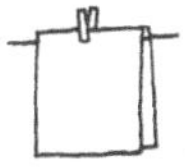

3.直射日光を
避けて干す。

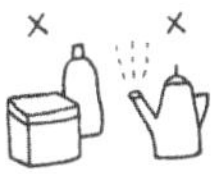

＊できるだけ
洗剤やお湯は
使わない。

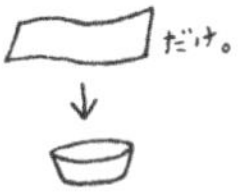

＊ほかのものと
一緒に洗わない。

＊ぬれたまま
放置しない。

端の処理

手ぬぐいを洗うと、はじめのうちは端がほつれて糸が出てきます。何度か洗ううちに落ち着いてくるので、ほつれた部分だけをハサミで切りそろえましょう。

❶

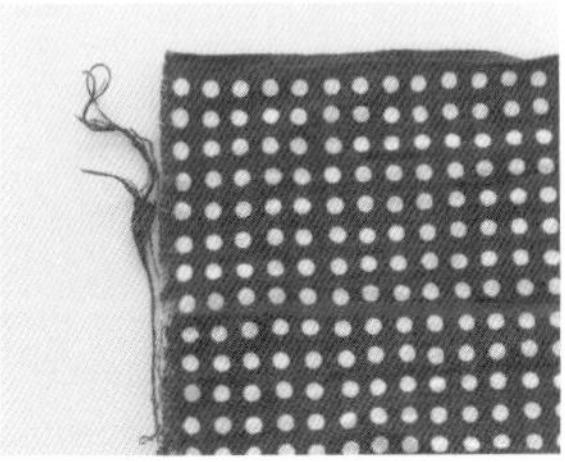

最初のうちは端がほつれ、糸が出てきます。（地染め豆絞り 赤）

❷

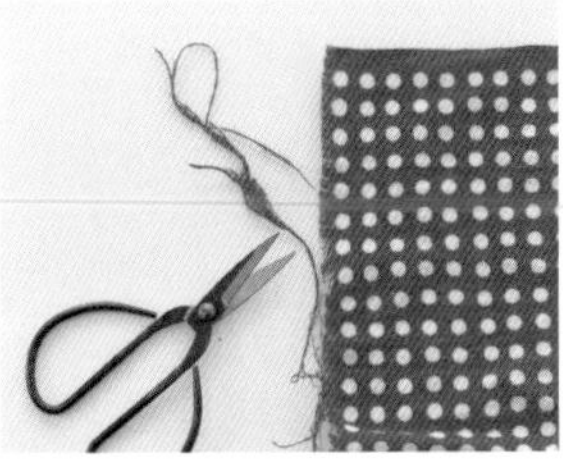

糸をハサミで切ります。ふさふさの部分まで切らないように注意を。

❸

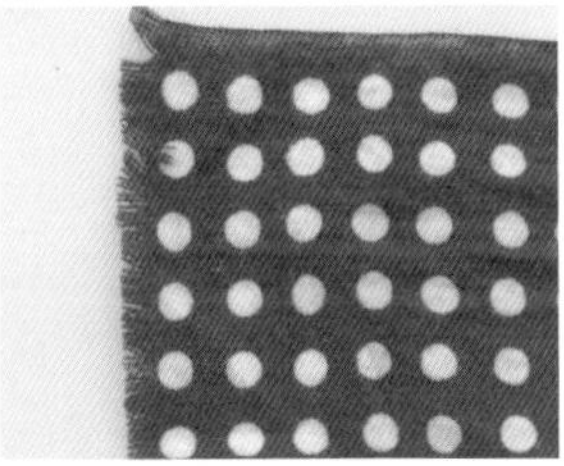

何度か洗ううちに端が落ち着いて、フリンジ状になります。

Q　色落ちはする？

A　染め物なので、はじめのうちは多少色落ちすることもあります。ほかのものとは分けて洗うとよいでしょう。2～3回洗えば色が落ち着いてきます。

Q　端が切りっぱなしなのは？

A　端を縫っていないことで、乾きが早く、雑菌がたまることもないため、清潔に長く使えます。また、結んだり切ったりして使うときにも、縫い目がないことで扱いやすい長所も。

アウトドアで

晴れた天気のいい日は、外に出て体を動かしたくなりますね。そんなとき、手ぬぐいを1枚持っていきましょう。きっと、いろんなところで役立ってくれますよ。首に掛ければ汗をすぐぬぐえ、日焼け止めにもなり、手が汚れたときには気軽に拭けます。そして、急に雨が降ってきてぬれてしまっても、手ぬぐいがあれば安心です。

首に巻く

暑いときは汗を吸収してくれるほか、肌寒いときには防寒具としても。おしゃれのポイントにもなります。（地染め豆絞り 紺）

木の実を包む

山や森、公園などで木の実を拾ったら、手ぬぐいで包んで持ち帰ります。海で貝殻や小石を拾ったときにも。（市松 赤）

目印に

バッグに手ぬぐいを巻いておけば、遠くからでも、ひと目で自分のものだとわかります。（弁慶縞）

お弁当を包む

外で食べるお弁当は格別な味です！　手ぬぐいで包んで持っていきましょう。（麦小紋）

朝の体操

手ぬぐいを使ってストレッチ＆筋力アップ。汗をかいたら、その手ぬぐいでひと拭き。（山百合）

もしものときも

急なケガや体調不良にも、手ぬぐいが役立ちます。（地染め豆絞り 紺）

温泉で

体を洗ったり、拭いたり、そして、隠したり……。温泉に手ぬぐいはつきもの。（段縞）

顔を拭く、手を拭く

体を動かしたら、手ぬぐいで汗を拭きましょう。手洗いのあとも欠かせません。（花亀甲）

日よけ、虫よけ

紫外線対策にも手ぬぐい。頭からかぶれば、日差しをよけられます。虫よけにも役立ちますね。（てるてる坊主）

防寒に

肌寒いとき、首元に手ぬぐいを巻いておくだけで、温かいものです。夏の冷房対策にも。（梅鉢紫）

食事のときに～♪

ひざに掛けたり、汚れた口や手を拭いたり、残ったものを包んだりと、手ぬぐいがあると便利。（富士づくし）

SOSの道具に

手ぬぐいを棒につけて旗に。遠くからでも、しっかり目立ちます。（糸巻紋）

よだれ掛けにしたり、オムツカバーにしたり、シーツや肌掛けにしたり……。
(型遊び まる、くまちゃん)

赤ちゃんのお世話に

吸水性のいい手ぬぐいは、汗っかきの赤ちゃんにぴったりです。また、洗っても乾きが早いので、いつも清潔を保っていられます。それに何といっても、手ぬぐいの肌触りは気持ちいい！　赤ちゃんはいつもニコニコ顔ですね。

丸金の腹掛けは、レトロでなつかしい感じ。昔話の金太郎みたいにたくましく育ってね。縁起物のだるま柄も。(金太郎 桃、青、だるま)

手ぬぐいで よだれ掛け

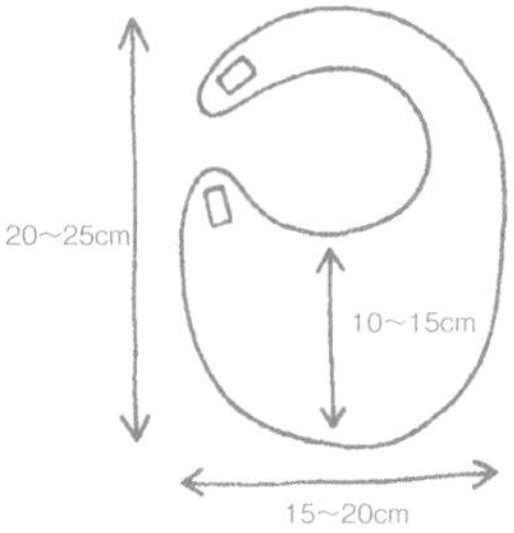

1. 手ぬぐいを重ね、縫いしろをつけて左図のように裁ちます。2. 返し口を残して中表に縫い、ひっくり返します。3. 返し口をまつって、まわりをステッチ。 4. 首のところにマジックテープをつければ、でき上がりです。（くまちゃん）

簡単よだれ掛け

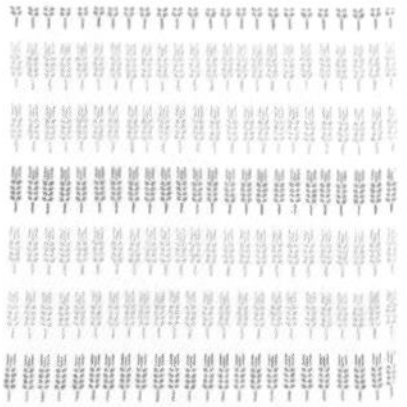

手ぬぐいの幅はそのままで、長さを幅と同じだけ（正方形に）切ります。（麦小紋）

対角線で三角に折り、首に掛けて端を結びます。

リボンの両端に帽子留めクリップをつけるだけ。お気に入りの手ぬぐいをはさんで、よだれ掛けに。（豆絞り 小 赤）

頭にかぶる

手ぬぐいを頭にかぶって、青空の下をお散歩。（ごまの実紋）

古代、手ぬぐいは、儀礼装身具としての「冠《かぶ》る」ものでした。そして、江戸時代に木綿が普及したことにより「被《かぶ》る」ものへと移行しました。当時は20種類以上のかぶり方が生まれ、おしゃれとしての役目も果たしていたそうです。ところで、手ぬぐいを頭にかぶると、「さぁ、がんばろう！」という気分に、なりませんか？

犬のコロにもかぶってもらいました。ほおかぶり風です。

手ぬぐいを頭にかぶせ、両端をねじって後ろで結びます。頭によくフィット。(ごまの実紋)

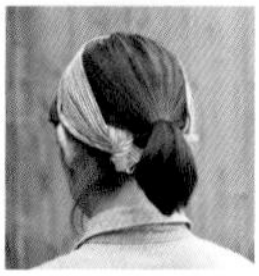

ヘアバンド風。手ぬぐいを細長く折って頭に巻き、後ろで結んで端を入れ込みます。(よろけ縞 赤)

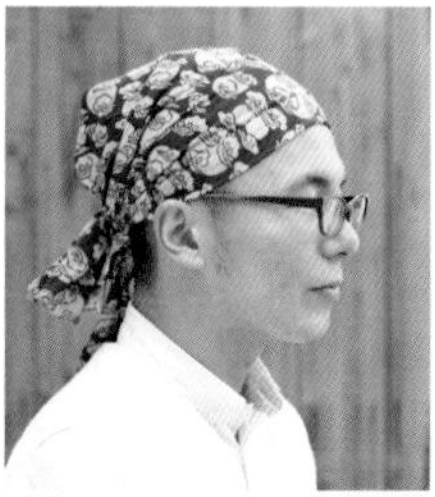

手ぬぐいを頭にかぶせ、そのままラフに、後ろでひと結び。シンプルなかぶり方。(日月飛雲)

リボン風。手ぬぐいを細長く折り、後ろから前へ。額の上あたりで巻きます。(雲唐草)

ねじり鉢巻き。手ぬぐいをねじって太い縄状にし、頭に巻くだけ。男らしさが際立ちます。(森)

手ぬぐいバブーシュカ

手ぬぐいを切って二等辺三角形につなげれば、可愛いバブーシュカに。底辺70センチ、高さ35センチを目安に。(地染め豆絞り 紺)

＊p123〜、いろいろなかぶり方を紹介しています。

太陽に向かって大きく伸びるヒマワリは夏らしい風景のひとつ。澄んだ青空と入道雲で爽やかに。（額装 向日葵）

ぼかしの技法を使い、かき氷の透明感のある彩りを染め上げた一枚。ガラスの器と合わせて使いたい。（かき氷）

暑い日に大活躍

手ぬぐいがいちばん活躍する季節といえば、夏。暑い日に噴き出した汗を手ぬぐいで拭きとったときの爽快感は、タオルでは味わえません！

また、外は暑くても、冷房が効きすぎた電車の中やオフィスの中では肌寒いこともしばしば。手ぬぐいを首に巻けば、ちょっとした防寒グッズになってくれますね。

手ぬぐいで暑さ対策あれこれ

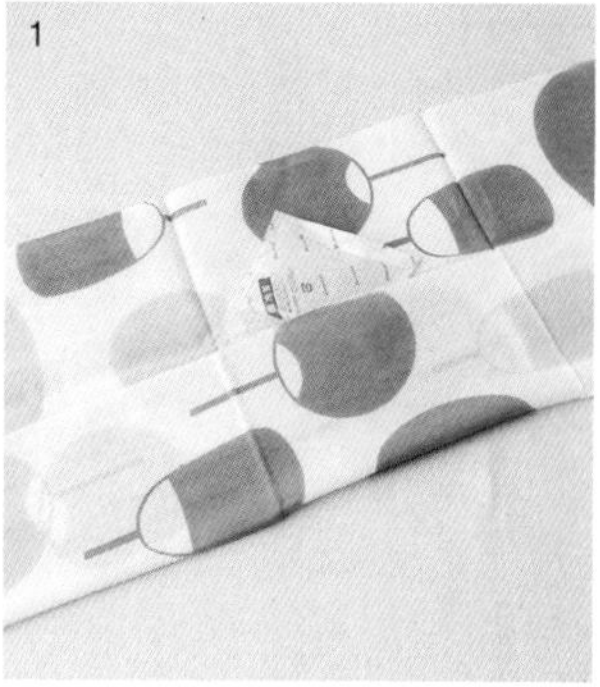

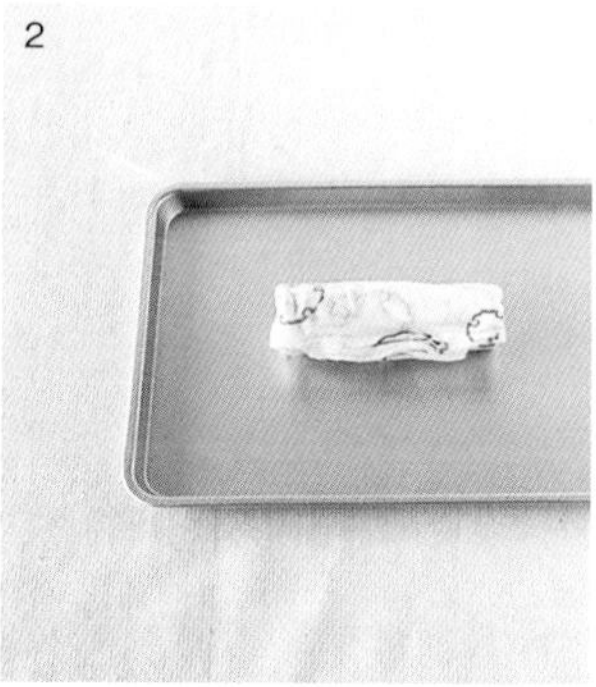

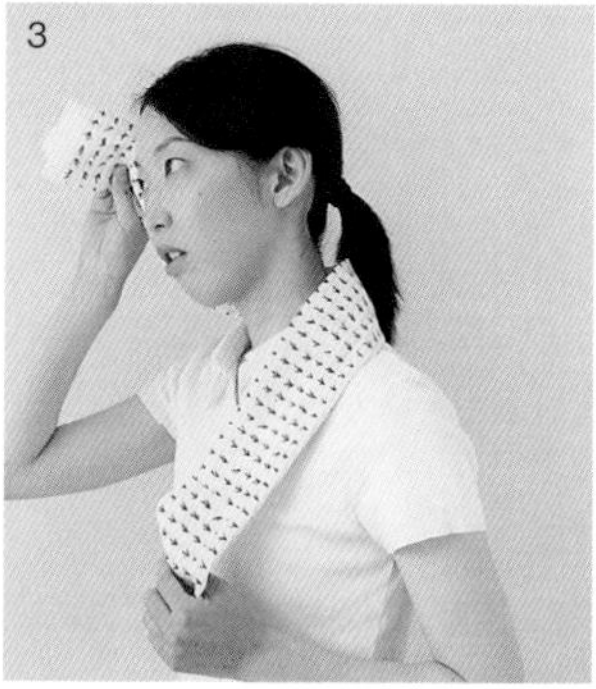

1. 凍らせた保冷剤を手ぬぐいで巻いて首に。汗が引きます。(団扇づくし) 2. 手ぬぐいを水でぬらして冷凍庫に常備。来客時や夕食時などに。(雪輪) 3. 首に掛けていれば、流れてくる汗もすぐに拭けます。(たんぼ) 4. 帽子の下に手ぬぐい。汗を吸ってくれるし、帽子が安定します。(さざ波 水色)

夏の風情を楽しみたいなら、涼しげな風鈴を。(江戸景色風鈴 花火、金魚)

冷たい水で手ぬぐいを湿らせ、顔にのせると、ひんやりして気持ちいいもの。日焼けした肌のアフターケアにも。(豆絞り 小 青)

夏はやっぱりかき氷。昔ながらのデザインです。(氷)

涼を呼ぶ招《まね》布《ぎ》。台所のインテリアにも。(冷えてます)

「網代《あじろ》」は、竹や木などを縦横に編んだものをデザイン化したもの。人々に身近な生活道具を模様にしています。(網代)

日本に昔からある文様で、芝草に露が降りた状態をデザイン化しています。涼し気で趣のある絵柄です。(露芝《つゆしば》)

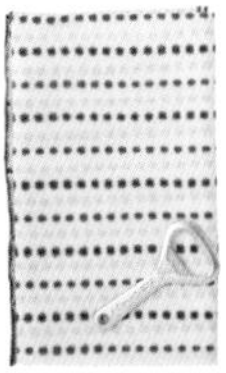

「板締《いたじ》め」という手法で染めた手ぬぐい。愛知県の有松《ありまつ》でしか染めることのできない貴重品です。(有松豆絞り)

歌舞伎役者の佐野川市松が愛用した柄で、現代でもポピュラー。以前は、「石畳《いしだたみ》」や「敷瓦《しきがわら》」とも呼んでいました。(市松 紫)

現代でも、もっともポピュラーな幾何学模様のひとつ。経《たて》(縦縞《しま》)、緯《よこ》(横縞)、経緯《たてよこ》縞(格子)の3種類があります。(縞)

歌舞伎役者の7代目市川団十郎が衣裳に使用して流行。「鎌」(かま)の絵に「輪」(わ)に「ぬ」で「かまわぬ」。(かまわぬ 中)

麻の葉を図案化した正六角形の模様。すくすく伸びる麻の木にあやかり、赤ちゃんの産着《うぶぎ》などに使われます。(麻の葉 小 赤)

タヌキは、「他抜き(他を抜く)」に通じることから、勝負ごとの縁起かつぎの柄とされています。(狸ちらし)

歌舞伎役者の市川団十郎が使った柄。市川の「いち」を1本の太い線で、「かわ」を3本の細い線で表して格子に。(市川格子)

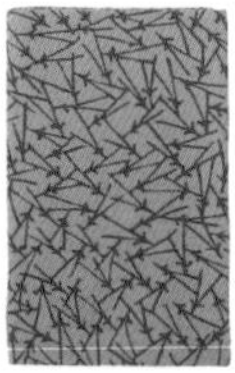

松の葉の模様。常葉樹の松は、冬でも葉を落とすことなく緑色なので、縁起がよいものとされています。(松葉 深緑)

フクロウは、「不苦労」というあて字から、「苦労しない」という意味の縁起ものとして親しまれています。(ふくろう)

判じ絵になっていて、斧(「よき」とも読める)、琴(こと)、菊の花(きく)で、「良き事聞く」と読みます。(良き事聞く)

蔓《つる》を図案化した模様で、模様が連続することから、縁起のよい柄とされています。風呂敷の柄としてもおなじみです。（唐草）

網が際限なくつながることから、吉祥柄のひとつ。この柄を使った食器で、中風よけを祈ったとされています。（網）

四角形の４つの角を削った形を子持ちにして、つなぎ合わせた文様。半てんや浴衣《ゆかた》などの柄として有名です。（吉原《よしわら》つなぎ）

シカの毛色にある白い斑点、鹿《か》の子《こ》斑《まだら》模様のこと。もともとは絞り染めした文様です。（疋《ひっ》田文《たもん》 桃）

太い縞からだんだん細い縞になっていくので、この名前がつきました。（段縞）

輪が四方八方に広がっているので「しっぽう」。人と人の輪は７つの宝と同じくらい価値があるとされて、「七宝《しっぽう》」に。（七宝）

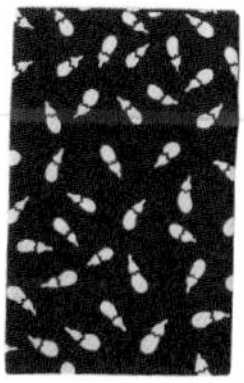

ナスは「ものごとを成す」に通じることから、縁起のよいものとされ、喜ばれてきた柄です。（茄子ちらし）

昔から、桜は日本人にとって神聖な木とされ、春のお花見などで、人々から愛されています。（桜吹雪）

犬張子《いぬはりこ》は、子どもの健やかな成長を願うおもちゃとして古くから愛されています。厄《やく》よけの柄のひとつ。（犬張子）

波をデザイン化した図柄「青海《せいがい》波《は》」。無限に連続して広がる波は、吉祥の象徴とされています。（青海波）

太い縞のわきに、細い縞が１本ついています。子どもを連れているような様子に似ていることから。（変わり子持ち縞）

４本と５本の格子柄の間に「キ」と「呂」を入れて、「キ九五呂（菊五郎）」と読ませています。（菊五郎格子 抹茶）

丸い容器や缶などを包むときに。手ぬぐいを丸みに添わせながら包んでいくのがコツです。（地染め豆絞り 赤） ＊包み方p.122

いろいろ包む

手ぬぐいはただの1枚の布。だからこそ、包むものの形に沿って変化してくれます。包むときのポイントは、手ぬぐいをバイアス（斜め）に使うこと。いい具合に伸びて、包みやすくなります。また、贈り物でないなら、何度か洗って柔らかくなった手ぬぐいを使うと、きれいに包めます。

ビンを2本包む

お酒の小ビンやペットボトルを2本一緒に包みます。本の「合わせ包み」と同じ要領で。(段縞)

ビンを1本包む

お酒のビンなどを。ビンのボディ部分を巻いてから、首でひと結び。(ひょうたんつなぎ 白茶) ＊包み方p.118

バゲットを包む

ビン包みと同様にして、バゲットなどの細長いものを包めます。(ふたえ籠目) ＊包み方p.122

フルーツを包む

ミカンなどの丸いものは、手ぬぐいで包みながらねじっていきます。(柑橘がさね) ＊包み方p.120

＼風呂敷で包む／

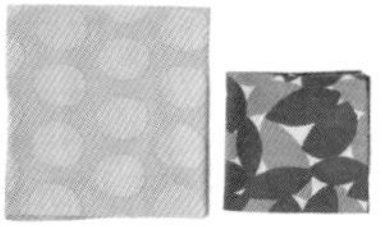

包むための布といえば、風呂敷が定番です。(綿風呂敷 そよかぜ、こもれび、いし)

＊p118〜、いろいろな包み方を紹介しています。

箱を包む

箱の形に合わせて、いろいろな包み方を工夫してみると楽しい。(市松 紫)

本を包む

2冊の本を包むときは、合わせ包みがきれいです。(霞 水色) ＊包み方p.121

佐藤さん。「はじめて買った手ぬぐいです」。

高橋さん。「汗や涙が染み込んだ手ぬぐいです」。

ヴィンテージ手ぬぐい

何年も使い込んだ手ぬぐいは、ふわふわに柔らかくなって、触れたときの感じが何ともいえません。また、色もなじんで、いい感じにくたびれてきます。そんなふうにして、手ぬぐいを「育てて」いくと、自分だけの「ヴィンテージ手ぬぐい」になります！

ちょうど、いい具合に色あせたジーンズがカッコいいのと同じ。男の人がくたくたになったTシャツを捨てられないのとも似ていますね。手ぬぐいがより愛おしい存在になってくるという感じでしょうか。さっそく手ぬぐいを育ててみませんか？

使い込むと、「ガーゼ!?」と間違えてしまうくらい、ふわふわ。（かたばみ 白）

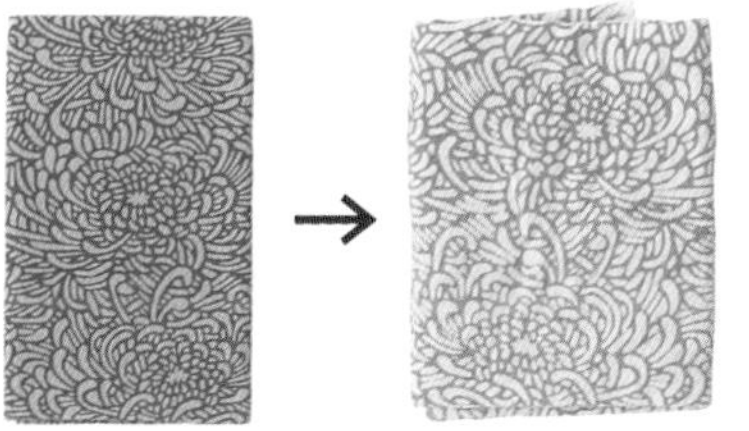

使用年数６年。（菊）

飯田さん。「心を込めて手洗いしています」。

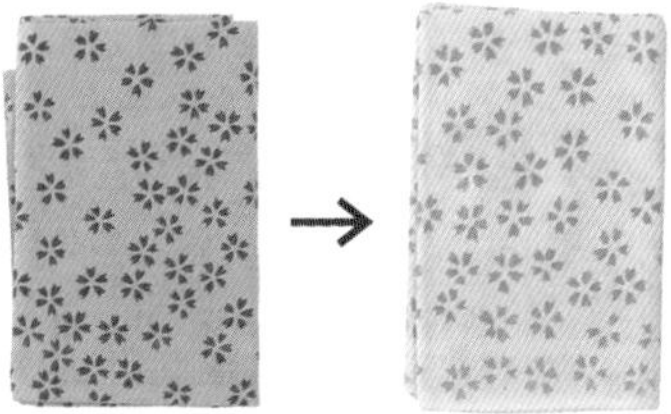

使用年数５年。（桜吹雪）

加藤さん。「破れる手前の柔らかさがたまりません。とても心地いいんです」。

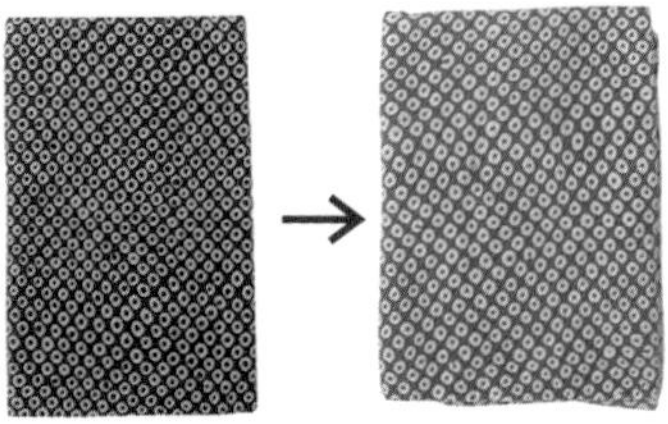

使用年数12年。（疋田文 紫）

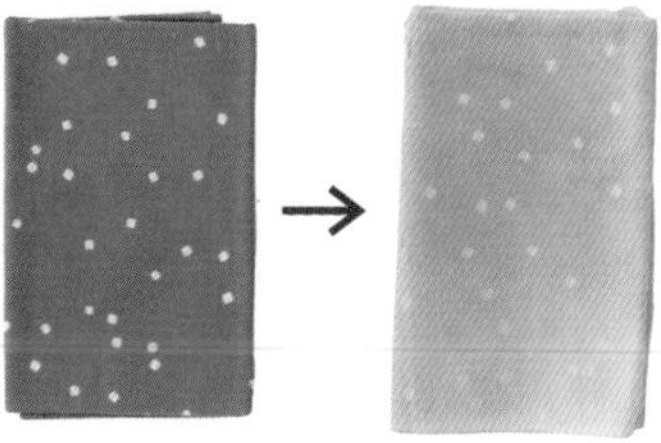

使用年数７年。（Kami）

とても柔らかいので、首に巻いた感じもきれい。肌触りも抜群です。（大菊）

海に持っていこう

海に手ぬぐい、とてもよく似合います。ビーチバッグの中に1～2本入れて出掛けましょう。日よけにする、ぬれた体を拭く、砂浜に敷く……。体や頭を拭いて水を含んでも、広げておけばすぐに乾いて、さらっとした状態で使うことができます。また、タオルと違って、砂がついても、簡単に払い落とせるのも魅力です。

海で泳がないときも、バッグに手ぬぐいを１枚。海水でぬれたときにも安心です。（クラゲ）

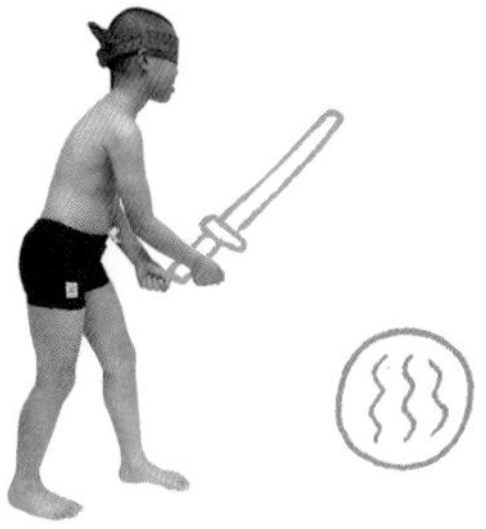

スイカ割りの目隠しは、やっぱり手ぬぐいですね。（皮付きスイカ）

人がいっぱいの砂浜でも、すぐに見つけられるよう、手ぬぐいで目印を作ってもよさそう。（蚊取線香）

手ぬぐいを頭からふわっとかぶって。強い日差しをよけます。（ひまわり）

かさばらない手ぬぐいは、ビーチタオルより重宝。（網）

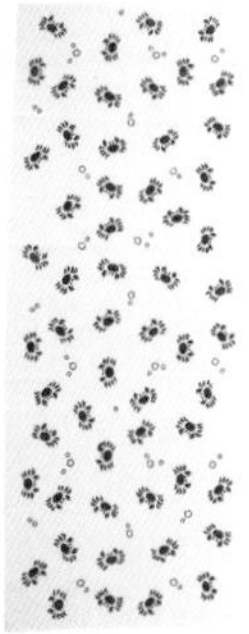

可愛いカニとカニの泡が描かれた、楽しげな手ぬぐい。（かに）

波間に群れ飛ぶ千鳥。波と千鳥は昔からある伝統柄。（うねり波千鳥）

だんだん色濃くなっていく水色のグラデーションが見事。（さざ波 水色）

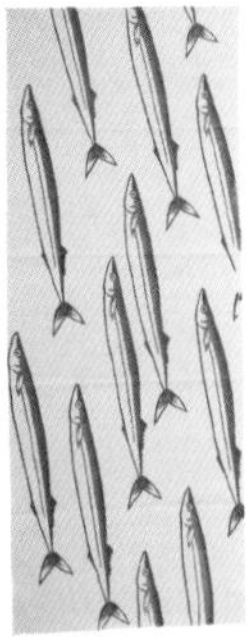

リアルなサンマが群れになって、おいしそうな手ぬぐい。（秋刀魚）

この手ぬぐいで忍術をマスターしてから、宴会の席で披露。もちろん、頭には手ぬぐいを頭巾風に巻いて。（忍術手習帖）

「あら、エッサッサ〜」。トラディッショナルな芸で、場も盛り上がること間違いなし。

サイコロを振って出た目の数によってお酒を飲んだり、歌ったり……。「見ざる」「聞かざる」「言わざる」の３匹の猿になっています。（猿盃）

宴会芸の小道具に

お酒の席にも手ぬぐいを。「何の柄ですか？」なんて、ひざ掛けにした手ぬぐいから、隣の人との会話が盛り上がるかもしれません。踊りや手品など、宴会芸の小道具としても。また、カラオケで歌うのが恥ずかしいとき、手ぬぐいで顔を隠すなんて使い方も。

落語の小道具にも。タバコ入れ（手ぬぐい）から刻みタバコを出して、キセル（扇子）に詰めて吸ったり……。（青海波）

変装5活用

西部劇のガンマン風。逆三角形に折り、鼻の上からあてて。

赤頭巾ちゃん風。いわゆる、ほおかぶりですね。

クワガタ風。頭に巻いて、角を立てるように入れ込みます。

セデスちゃん風。顔をくるっと巻いて、頭の上で結びます。

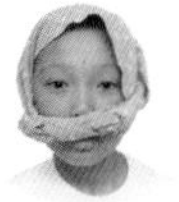

ネズミ小僧風。頭を覆い、鼻の下で結びます。（とんぼ 水色）

カラオケに

粉雪

レミオロメンの「粉雪」を歌うときに。感動の涙をぬぐうのにも使えます。（雪の結晶）

マツケンサンバ

松平健の「マツケンサンバ」を歌うときに。踊りながら盛り上がりましょう。（若松）

TSUNAMI

サザンオールスターズの「TSUNAMI」を熱唱するとき、首に掛けて。（波しぶき）

さくら

森山直太朗の「さくら」でも、ケツメイシの「さくら」でも。桜の歌ならこれ。（桜吹雪）

神田川

「赤い手ぬぐい、マフラーにして〜」。かぐや姫の名曲を歌うなら。（鶴亀）

迷い道

古いのですが、渡辺真知子の「迷い道」を歌うときに。（城下町）

サザエさん

宇野ゆう子の「サザエさん」を歌うときに。さあ、元気よく！（鰹）

炊事に

エプロンに

市販のエプロンの上にボタンをつけ、ひもをつけた手ぬぐいを留めるだけ。汚れたら、手ぬぐいをとり替えるだけと便利。（台所道具）

鍋つかみに

手ぬぐいを折って鍋つかみに。汚れたら、１枚の布に広げて簡単に洗えます。（地染めけし粒つなぎ濃赤）＊折り方p.118

料理中の手拭き

ぬれてもすぐに乾く手ぬぐいは、台所で大活躍。手拭きとして、すぐ手の届くところに掛けて。（野菜づくし 若緑）

食器を拭く

もちろん、食器を拭くときにも手ぬぐい。食器に繊維がつかず、気持ちよく拭けます。（唐辛子つなぎ）

奥様の必需品

手ぬぐいは吸水性が抜群で、薄いのですぐに洗え、乾きも早い！　掃除に、炊事に、洗濯にと、昔も今も奥様の必需品です。実際、面倒なごはんのあと片づけも、可愛い手ぬぐいで器を拭いているだけで、楽しい気分になってくるから不思議です。ボロボロになるまで、使い込みましょう。

掃除に

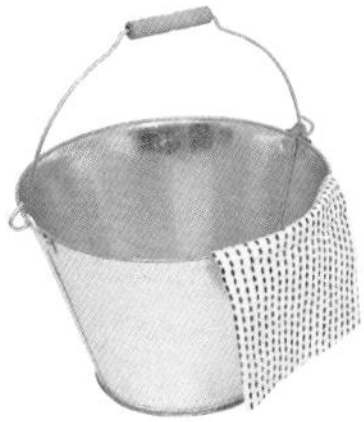

雑巾

使い古した手ぬぐいは雑巾として、もうひと働き。（けし粒つなぎ 青）

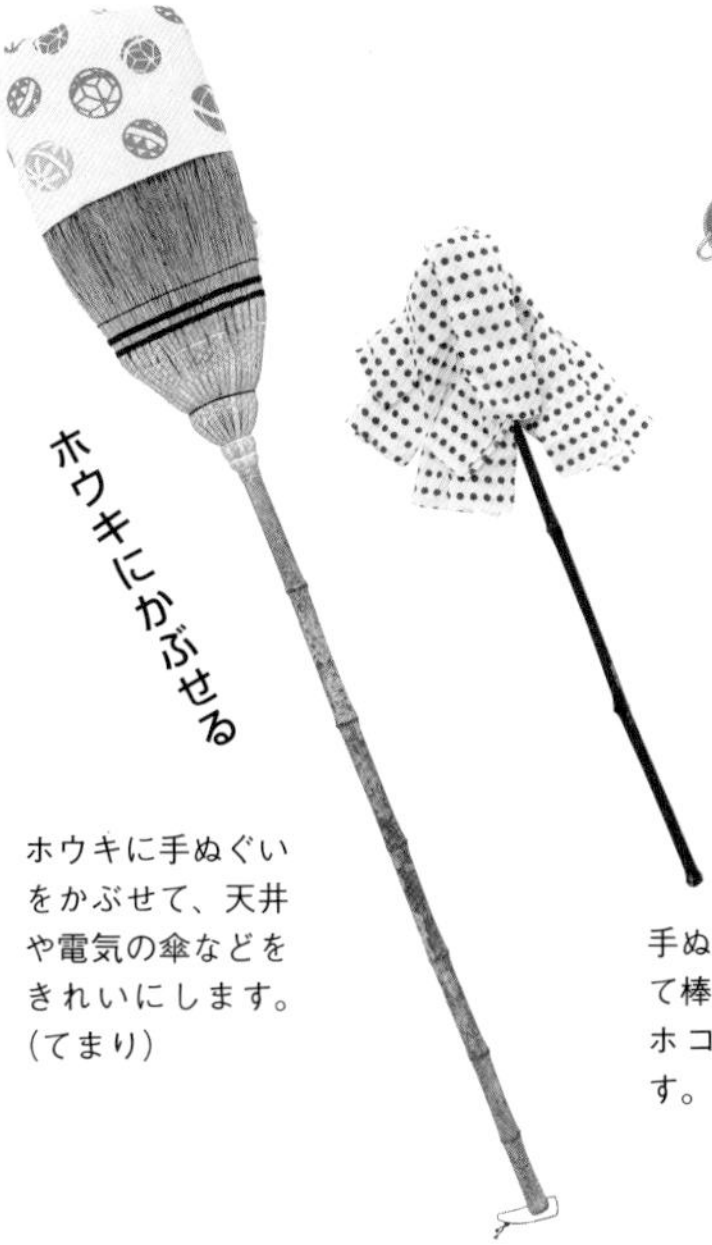

ホウキにかぶせる

ホウキに手ぬぐいをかぶせて、天井や電気の傘などをきれいにします。（てまり）

ハタキに

手ぬぐいを細長く裂いて棒につけ、ハタキに。ホコリがよく落ちます。（豆絞り 小 青）

防塵マスク

大掃除のときは、ホコリが口や鼻から入らないように手ぬぐいで覆いましょう。（ふたえ籠目）

洗濯に

物干し竿を拭く

物干し竿を拭いて手ぬぐいが汚れたら、さっと洗って、竿に干しておくだけ。（晒流し）

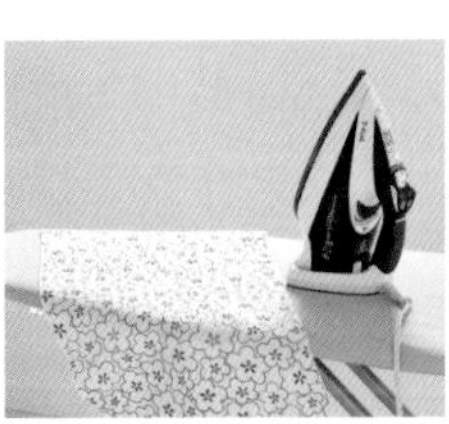

アイロンのあて布

手ぬぐいの使い方の定番。色移り防止のために、白地のものを選びましょう。（梅花紋）

ほかにも…

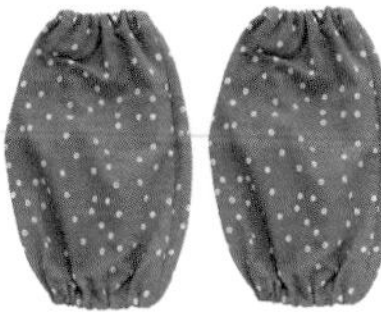

アームカバー

手ぬぐいを適当な長さに切って筒状に縫い、両端にゴムを入れるだけで、アームカバーに。（Kami）

レジ袋の持ち手に

レジ袋の持ち手を手ぬぐいで巻けば、手が痛くなりません。紙袋の持ち手にも同様に。（麻の葉 小 青）

姉さんかぶり

料理のときも、掃除のときも、姉さんかぶり。髪が邪魔になりません。（金魚） ＊かぶり方p.124

手ぬぐいをラッピングペーパーとして。１枚の手ぬぐいを切らずに箱の上ブタにかぶせ、リボンやひもで結ぶだけです。（ばら、フルーツ）

手ぬぐいを畳んで枡《ます》に入れると、楽しい贈り物に。（富士づくし、むすび波）

贈り物にする

プレゼントに迷ったら、手ぬぐいはいかがでしょう？　相手の趣味や好きなスポーツ、最近熱中していることなどに関連した柄の手ぬぐいを贈れば、喜んでもらえるはず！　いえ、特別な日じゃなくても、日ごろの感謝を込めてプレゼント。気軽な手ぬぐいなら、受けとる側の負担になりません。

柄選びに迷って困ったら、こんな柄も。（プレゼントづくし）

箱の中の景色

ギフトボックスに手ぬぐいを絵画のようにセット。

＼気持ちです…／

「夏の贈り物」。切子の手ぬぐいを涼しげなガラスの器に見立てました。（切子、とうもろこし、皮付きスイカ）

「初日の出」。日の出と老松《おいまつ》を組み合わせ、景色のように。お歳暮やお年賀に。（日の出 赤、老松 ぼかし）

くるりと結んだ手ぬぐいをリースに見立てて。クリスマスプレゼントに最適。（イルミネーション、ポインセチア、街灯 紺）

桜柄の手ぬぐいを組み合わせた「桜づくし」。海外みやげにおすすめ。（桜 エンジ、小桜、かごめ桜）

「秋の富士」。折り方を変えると、富士山が立体的に。（逆さ富士、青海波、額装 秋の声）

猫が金魚を狙っています！　猫好きさんへの贈り物としても。（猫三昧、でめきん）

「四季の彩り」。四季の手ぬぐいをひと箱に詰めて豪華に。（額装 雪椿、額装 朝顔 薄緑、額装 菜の花、額装 桜、額装 花火）

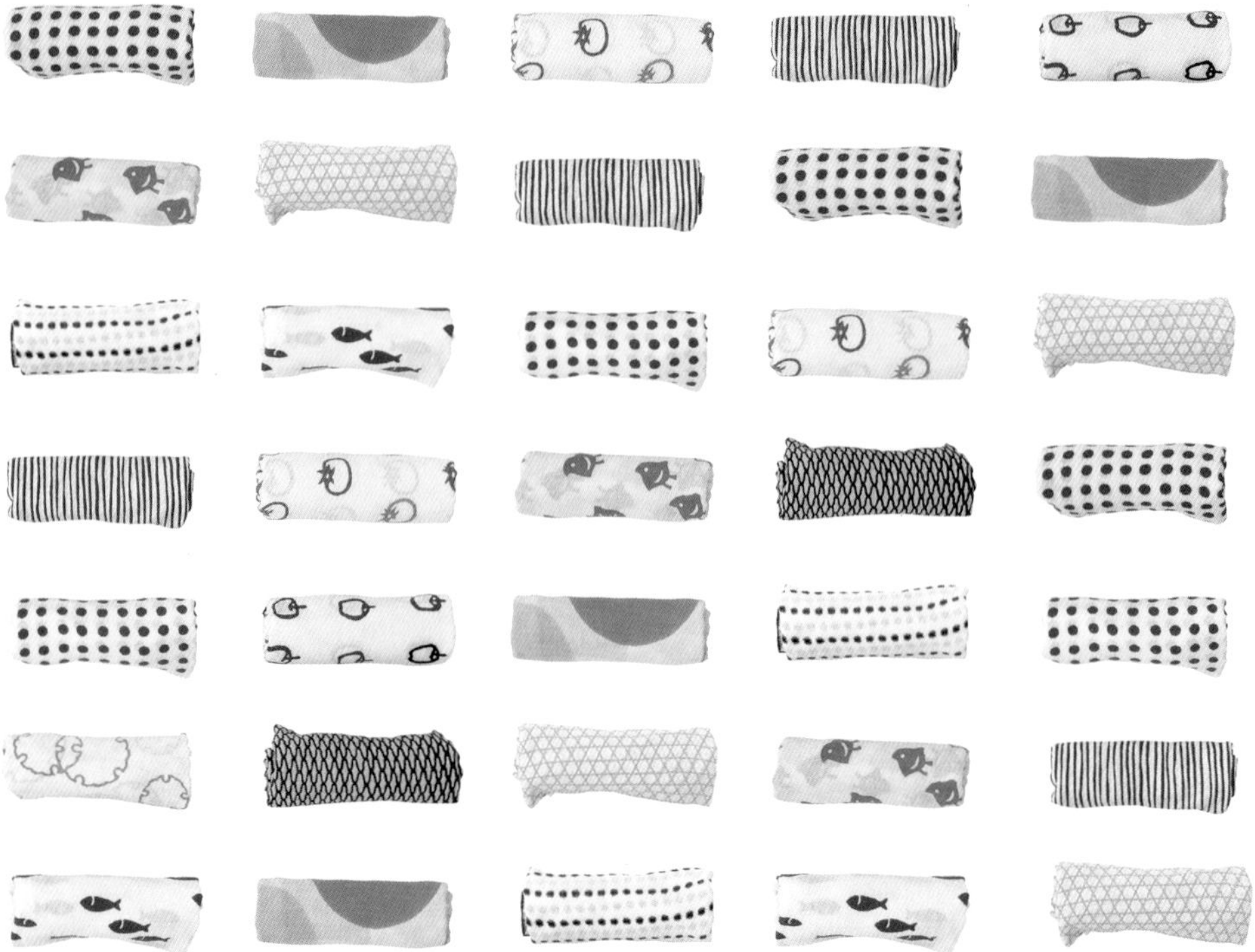

（上の段、右から順にりんご、よろけ縞 赤、トマト、団扇づくし、豆絞り 小赤、かごめ 辛子、千鳥、豆絞り 小 青、群れ魚、有松豆絞り、網、雪輪）

おしぼりにする

以前、かまわぬ代官山本店には喫茶スペースがあって、コーヒーやおにぎりなどを出していました。お客さまが席につくと、まず水とおしぼり。手ぬぐいを半分に切ったおしぼりです。手ぬぐいはぬらしてもすぐに乾くので、おしぼりにぴったり。普段から、食事のたびにおしぼりを用意するとエコにもつながりますね。

夏はCOLDおしぼり。水につけて絞り、冷蔵庫で冷やすか、冷凍庫で氷らせておきます。

冬はHOTおしぼり。水で絞ったおしぼりを電子レンジで少し温めて、蒸しタオル風に。

ザルにおしぼりを何個も盛って、お客様に好きな柄を選んでもらっても。

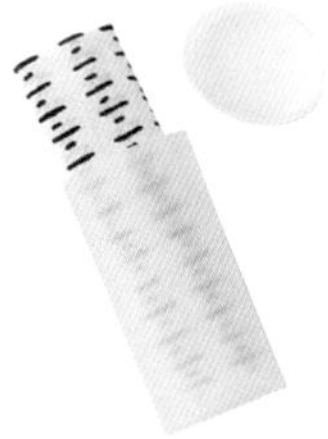

おしぼりケースに入れて、外出するときにも携帯しましょう。（小の字）

軽くしぼってジッパーつきの袋に入れ、お弁当と一緒に。夏場なら凍らしておいても。

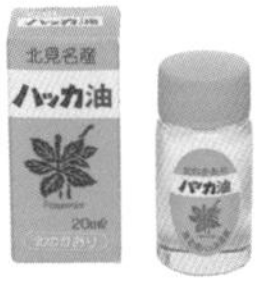

水にハッカ油を1～2滴垂らしておしぼりに。メンソールの香りがして、すっきり爽やかです。

1枚の手ぬぐいを半分に切ると、おしぼりにちょうどいいサイズになります。

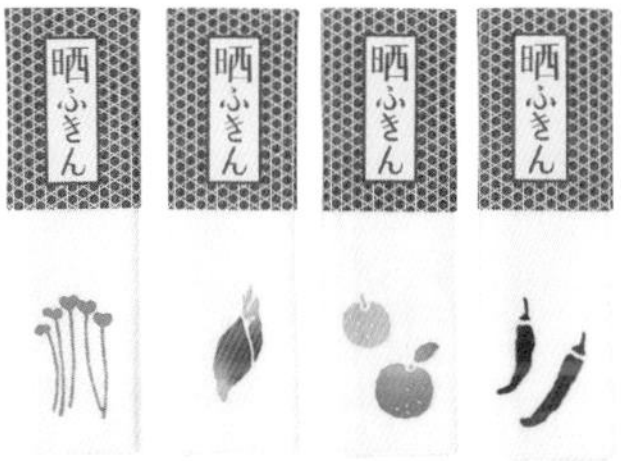

「晒ふきん」は、おしぼりにもちょうどいい大きさです。（唐辛子、柚子、茗荷、貝割れ大根）

♂ 男

スーツのポケットに

手ぬぐいを半分に切って胸ポケットに。切らずに折っておしりのポケットに。(市松 赤)

靴磨き

おしゃれは足元から。何度も洗ってふわふわになった手ぬぐいは靴磨きに最適です。(弁慶縞)

DIYのときに

日曜大工の際は、汗止めと日よけ用に手ぬぐいをかぶって。汗をかいたら、手ぬぐいを外し、ぬぐいます。(山路文)

お祭りに

お祭りといえば、手ぬぐいが欠かせません。キリッと結んで、粋に。(渦巻き 水色)

宴会の余興に

どじょうすくい踊りや手品、目隠しなど、余興の小道具として。(青海波)

男の使い方、女の使い方

手ぬぐいは老若男女を問わず、便利に使えるアイテム。そして、男性が持てば男らしさを、女性が持てば女らしさを引き立ててくれる小道具にもなります。手ぬぐいをキリッと頭に結んだ姿に男性のたくましさを感じたり、バッグからちらっと覗く花柄の手ぬぐいに女性の色気を感じたり……。手ぬぐいで男を磨き、女を磨きましょう。

♀ 女

髪を乾かすときに

髪を乾かすときには肩に掛けて。お化粧のときも同様にして、粉おしろいが服につくのを防げます。（梅花紋）

ひざ掛けに

さっと手ぬぐいをとり出して、ひざの上に。どこか気品を感じさせます。（丸菊）

肩こりや眼精疲労に

カイロを包んで肩にあてれば、肩こりを解消。目にあてれば、眼精疲労を癒します。（ソーダ水）

手作り雑貨の材料として

バッグや子ども服などの身につけるものから、インテリア小物、ちょっとした雑貨まで、手芸材料に。（桃）

和装に合わせて

着物の半衿にするほか、たもとに入れておきましょう。ハンカチとして使ったり、帯の汚れを防いだり……。（麻の葉 小 赤）

招布《まねぎ》。冷蔵庫の横に吊るしておくと、効果があります。「明日から」の小さな文字がポイントです！（ダイエット）

手ぬぐいの一生

はじめ

新品の手ぬぐい

自分で買ったり、人にもらったりして、わが家にやって来ました。

ハンカチ

バッグに入れ、ハンカチ代わりに持ちましょう。いろんな場面で大活躍です。

頭にかぶる

頭にかぶったり、首に巻いたりして、もっともっと使いましょう。

ふきん

食器を拭くふきんとして。グラスも、繊維をつけずに拭くことができます。

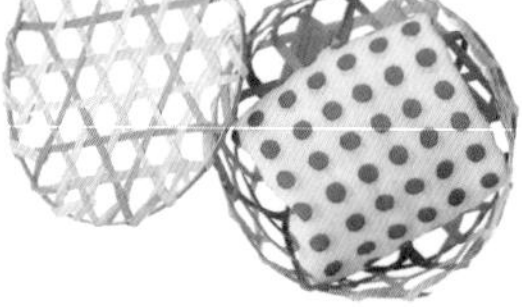

ヴィンテージ

いい具合にくたびれてきたら、「ヴィンテージ手ぬぐい」となります。手放せなくなりますね。

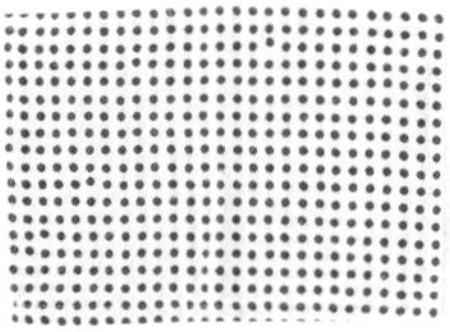

雑巾

色あせがひどければ雑巾に。雑巾になっても、さらに、ボロボロになるまで使えます。

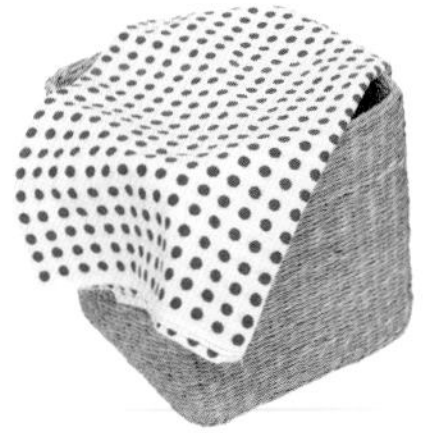

ほこりよけ

何度か洗って、ちょっとくたびれてきたら、何かのカバーなどにします。

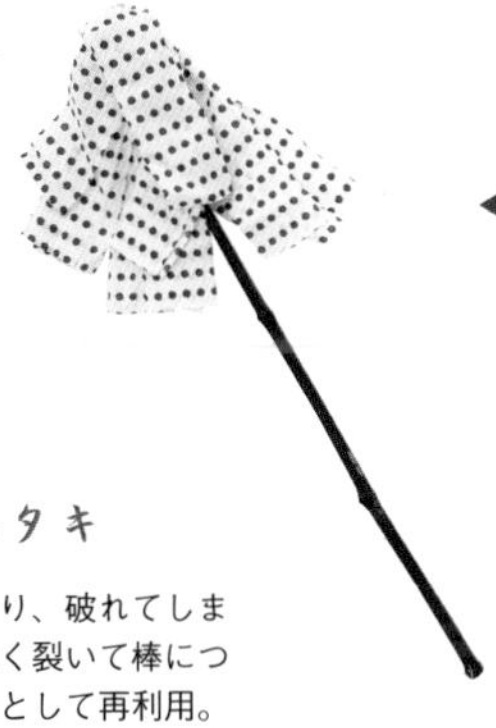

ハタキ

穴があいたり、破れてしまったら、細く裂いて棒につけ、ハタキとして再利用。

ランダムに30人の人に、手ぬぐいについて聞いたら、こんな結果でした。

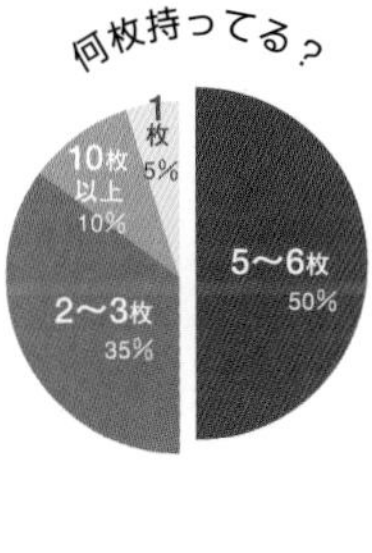

やっぱり、ハンカチ代わりに使う人がいちばん多いようですね。

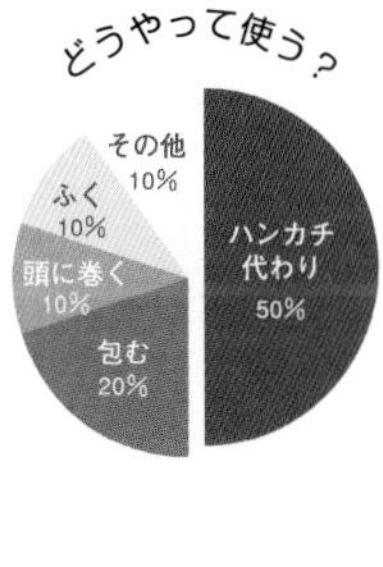

「末永くごひいきに」

手ぬぐい金魚の作り方

❶

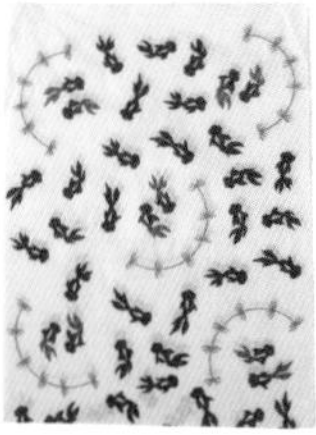

まず、手ぬぐいを半分に折ります。（でめきん）

❷

輪になったほうから、半分くらいまで、くるくると巻いていきます。

❸

そのまま、裏返します。

トリートメントした髪を手ぬぐいで巻き、湯船につかって。（そうめん縞）

体を洗うスポンジ代わり。ただし、使い込んだ手ぬぐいで。（かたばみ 白）

色っぽい招布を脱衣場に掛けると楽しい。（入浴中）

お風呂で使う

銭湯がもっとポピュラーだった時代は、体を洗うのにおもしろい柄の手ぬぐいを何気なく使うのが、江戸っ子の粋とされていたそうです。たまには、桶に石けんを入れて、首に手ぬぐいを引っ掛け、銭湯に行くっていうのもいいですね。畳んだ手ぬぐいを頭にのせて、広い湯船につかれば、極楽極楽〜。

4

まん中のところで、下から斜めに折り、合わせます。

5

羽根のようになった左右を結びます。このとき、羽根に空気を入れる感じにします。

6

でき上がりです。お風呂の中に入れると、プカプカと泳ぎます！

手ぬぐいで作った巾着に浴槽用備長炭を入れて。（豆絞り 小 赤）

小さくなった石けんを手ぬぐい袋に入れて、体をゴシゴシ。（カエル）

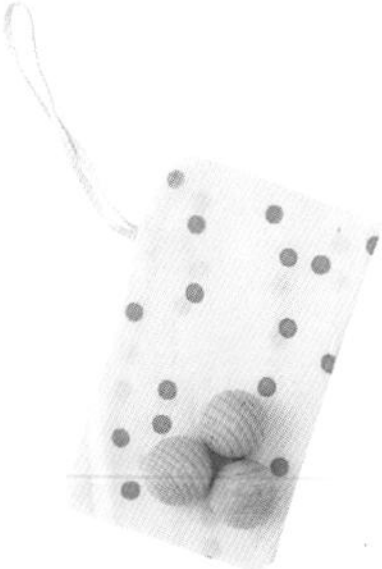

ヒノキの入浴剤も袋に入れれば、あと片づけが楽ですね。（型遊び まる）

冬至には香り高いユズを浮かべたお風呂に入り、無病息災を願います。（柚子小紋）

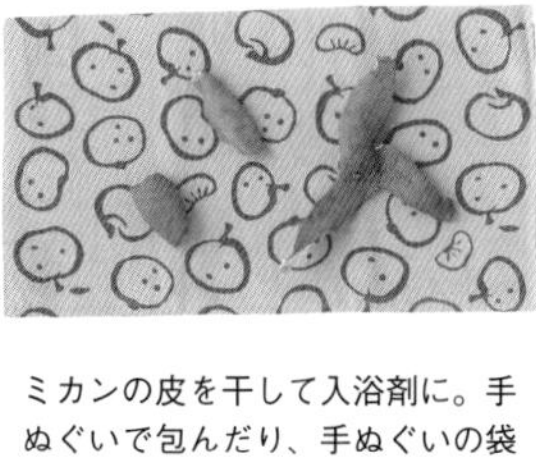

ミカンの皮を干して入浴剤に。手ぬぐいで包んだり、手ぬぐいの袋に入れて浮かべたり。（みかん）

お弁当を包む

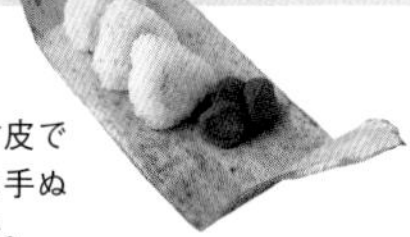

おにぎりを竹皮で
包み、さらに手ぬ
ぐいで包んで。

お弁当を広げる瞬間は、わくわくしますね。「今日は、どんなおかずが入ってるかな〜♪」。手ぬぐいは、お弁当を包むのにもぴったりです。汁がこぼれちゃったりしても、大丈夫。気軽に洗えるし、すぐに乾きますから。梅おにぎりなら梅干し柄、豆ごはんなら豆絞りなんて、柄選びの楽しみもありますね。

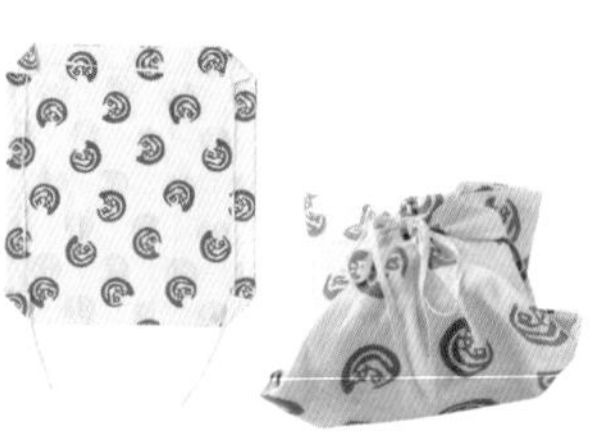

手ぬぐいを二重にして縫い、四角《よすみ》を
折ってひもを通します。ひもを結ぶ
と、お弁当袋に。（かまわぬ 丸）

お弁当箱の包み方・その1

手ぬぐいを適当な長さに折ってお弁当箱をのせ、上下を内側に折ります。（えんどう）

端を絞って、ひと結びします。

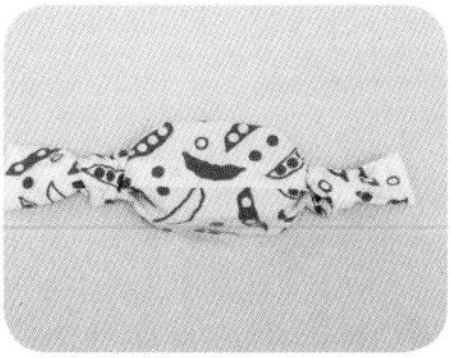

もう一方も同様にして、キャンディー風。細長いお弁当箱を包むときに適しています。

お弁当箱の包み方・その2

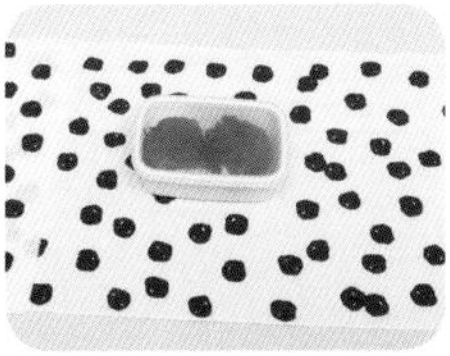

手ぬぐいを適当な長さに折ってお弁当箱をのせます。（梅干し）

上下を内側に折り、お弁当箱を包みます。

左右を内側に持ってきて、結びます。

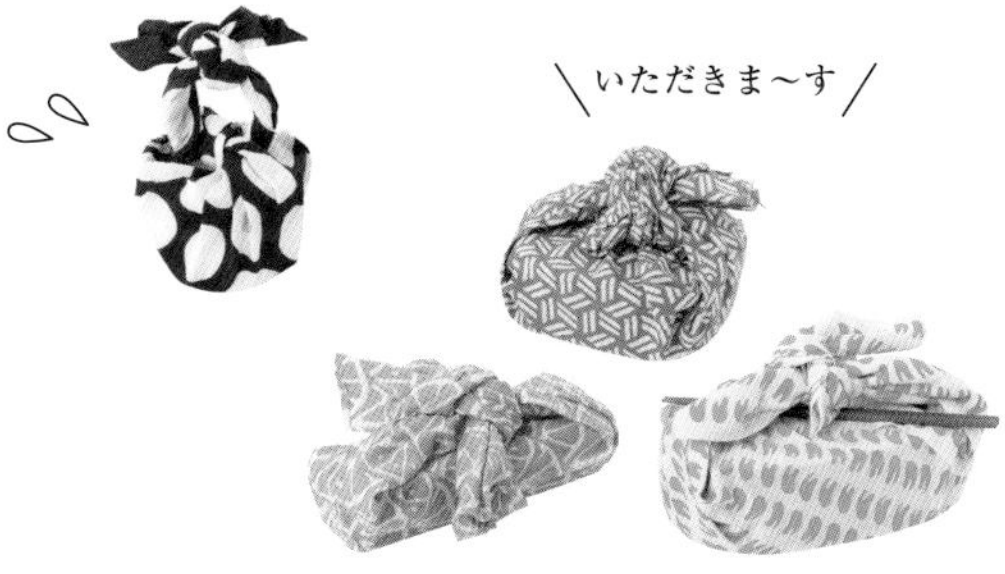

大きなお弁当箱も小さなお弁当箱も、家族みんなで。（豆づくし、ふたえ籠目、柑橘がさね、たまご）

手ぬぐいでペットボトルホルダー

手ぬぐいでささっと包むだけで、持ち手のついたペットボトルホルダーになります。（カエル）＊包み方はp.119

扇形に折ってナプキン風。手ぬぐいを長さ半分に折って、さらに縦半分に折り、５センチくらいずつ屏風畳みに。角を合わせて折り込み、お皿に置いて、両端を広げると、この形になります。（鉄線）

手ぬぐいを３分の１、または４分の１に折ってランチョンマットに。あえて縫わなくても、折るだけで十分です。（よもぎ 白地）

ビールを早く冷やすアイデア。冷たく凍らせた手ぬぐいをビールに巻きます。（豆づくし）

おもてなしに

季節感のある手ぬぐいをテーブルコーディネートに。テーブルクロスやテーブルセンター、ランチョンマット、ナプキン、おしぼり……。さまざまな手ぬぐいの使い方ができます。お皿や器、グラスだけが並ぶよりも、ぐっと華やいだ雰囲気になります。それに、「この柄ってね……」と、おもてなしの席も盛り上がりそうです。

ガラスのコップに丸めて入れておきます。食事のときのナプキンとして使いましょう。（もみの木 白地）

テーブルにそのまま広げれば、テーブルクロスやテーブルセンターになります。（銀杏 小）

手ぬぐいのハギレでコースターを手作りすると、楽しい。パッチワーク風にしても。

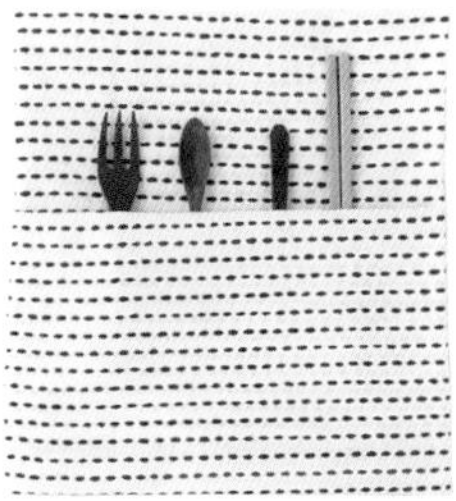

幅を調節すれば、いろんなサイズのカトラリーケースを作ることができます。（けし粒つなぎ 青）

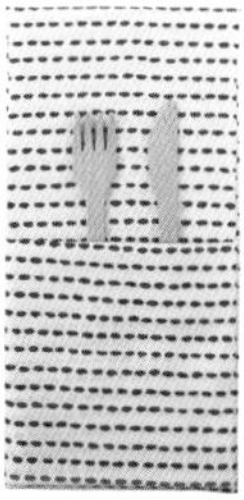

手ぬぐいを折って、カトラリーケースに。（けし粒つなぎ 赤）＊折り方はp.113

手ぬぐいのハギレで箸袋をハンドメイド。（和傘）

手ぬぐいを適当な大きさに折ってティーマットに。（花亀甲）

おやつの時間に

仕事や勉強、家事に疲れたら、そろそろいっぷくしましょう。おいしいお菓子とお茶、手ぬぐいがあれば、そのあとの活力も湧いてくるというもんです。まず、手ぬぐいをお皿代わりにしましょう。おやつを食べ終えたら、口を拭くのに使い、おやつが残ったら、包んでおみやげに。もちろん、ティーマットやコースターにして楽しむこともできます。

ホカホカの鯛焼きや大判焼きをのせて。おみやげにするときも、手ぬぐいで包めば、冷めにくくなります。（めでたい）

せんべいを食べるとき、どうしても食べくずが落ちてしまいます。でも、手ぬぐいを敷いておけば安心です。（狸ちらし）

焼き栗は、食べはじめると止まらなくなりますね……。汚れた指を手ぬぐいで拭きましょう。（くり）

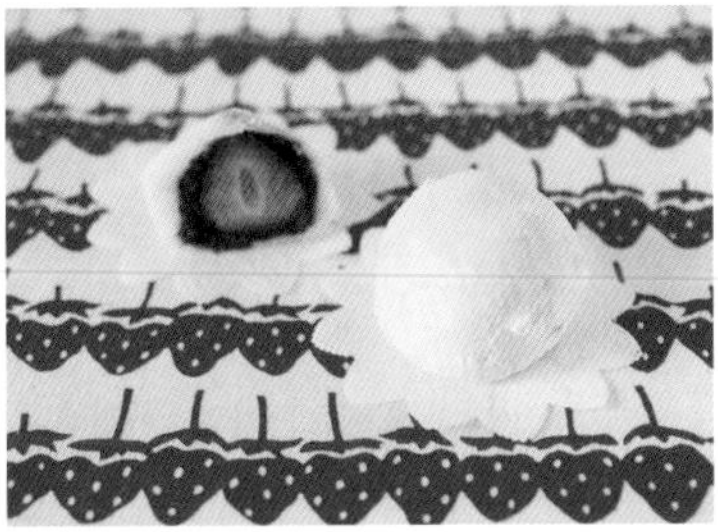

手ぬぐいは和菓子にも洋菓子にも好相性。スイーツの可愛さが引き立ちます。（いちご）

リバーシブルティーマットの作り方

２枚の手ぬぐいを適当な長さに切り、縫い合わせるだけのマット。シックな面は大人のおやつタイムに、動物柄の面は子どものおやつタイムに。（さる、Kami）

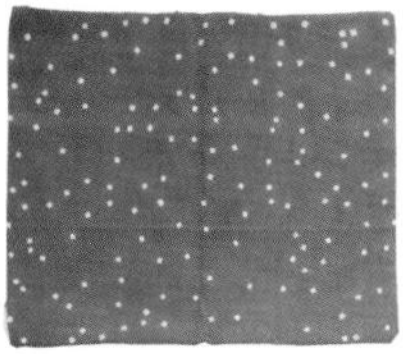

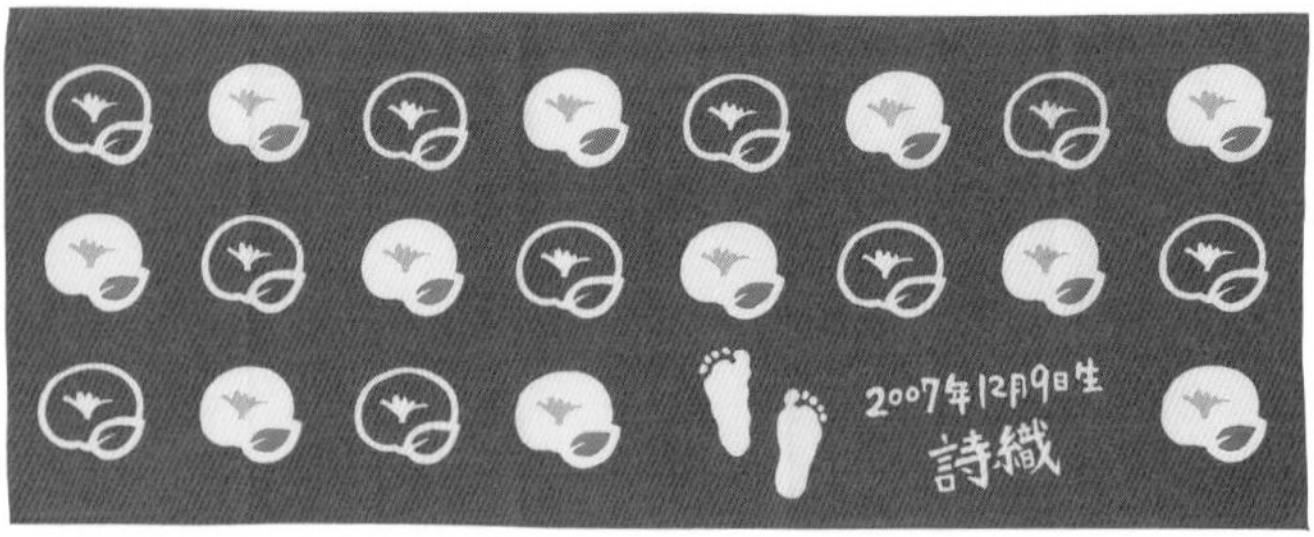

ツバキの花をデザインして並べた手ぬぐい。産まれたときの足形入りです。

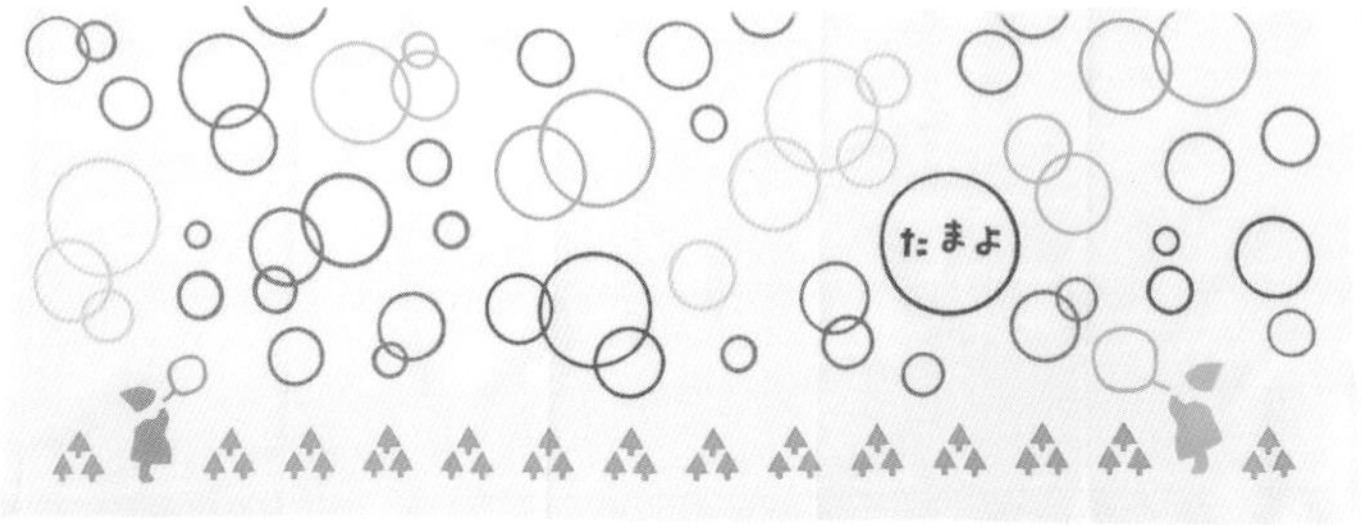

「シャボン玉のようにキラキラ輝いて、元気いっぱい大きくなってほしい」という願いを込めて。

オリジナル手ぬぐいは、
型を作るところから。

オリジナルを作る

「一度は、自分だけのオリジナル手ぬぐいを作ってみたい」。多くの手ぬぐい好きの願いです。結婚式の引き出ものとして、赤ちゃんの内祝いとして、また、子どもの初節句、定年の記念、新築改築祝い、誕生日……。人生のいろいろな節目にオリジナルの手ぬぐいを作るなんて、素敵です。ほかに、「〜の会」といったサークルでそろえるのもおすすめです。

オリジナル手ぬぐい

オリジナルのデザインで作る手ぬぐい。思い出や記念を残すものとして人気があります。

❶デザインを用意し、色を決めます。デザインは店に依頼することも可能。75枚から注文できます。

❷デザインを確認します。

❸約60日間で完成します。

価格

手ぬぐい代
＋
型代
（25000円前後）
＋
デザイン代
（最大12000円）

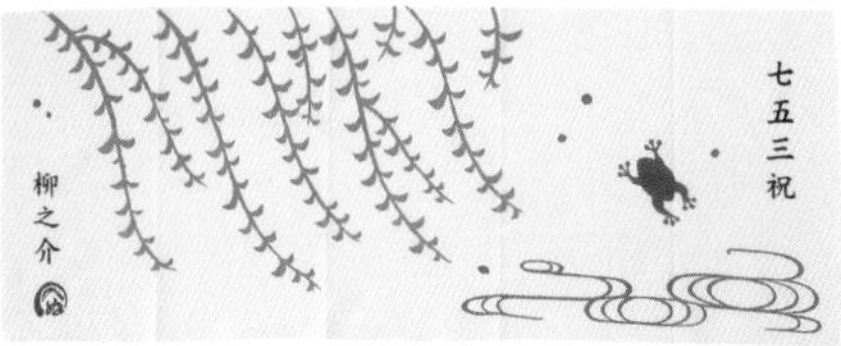

柳にカエルが跳びつこうとしている、可愛らしい絵柄。石川柳之介くんの七五三祝いです。

名入れ手ぬぐい

好きな手ぬぐいに名前をプリント。名前のほか、メッセージを入れることもできます。

❶手ぬぐい、名入れする文字の書体や色を選びます。10枚から注文可能。

❷文字や配置を確認します。

❸約20日間で完成します。

名入れは「染め」ではなく、プリントなので、表側だけに入ります。

価格

手ぬぐい代
＋
型代
（1000円〜）
＋
プリント代
（3000円〜）

半てん

ちゃんと衿までついています
ね！（そろばんつなぎ）

折る

手ぬぐいを折るだけで、いろいろなものになります。たとえば、昔からある半てんや財布。1枚の手ぬぐいを折るだけでできるんですよ。紹介した以外にも、童心に返ってあれこれ折り、おもしろい折り方を発見してみてください。そうそう、手ぬぐいをプレゼントするとき、好きな形に折って箱に入れれば、相手もうれしびっくりでしょう！

スイカ

ちょうど食べやすいサイズに折れました。幅を広げ、大きめにしても。（皮付きスイカ）

着物

着物のように折って、ハギレで帯を、ひもで帯締めをプラスして。（うろこ 紺、桜吹雪）

カブト

昔、新聞紙で折りませんでした？　端午の節句のプレゼントにいかがでしょう。（棒縞）

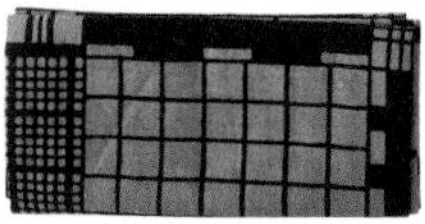

鯉のぼり

鯉のぼりは立身出世のシンボル。今にも泳ぎ出しそう!?（鯉のぼりちらし）

財布手拭

昔からある折り方のひとつ。本当に札入れとして使えますよ。（格子づくし）

おひなさま

柄違いで２つ折って並べ、お内裏《だいり》さまにしてもよさそう。（お雛様ちらし）

＋縫って

箸置き

手ぬぐいのハギレを細長く折って縫い留め、ひと結びすれば、箸置きに。（かたばみ 白）

四角ポーチ

正方形に切り、３つの角を寄せて縫っただけの、簡単ポーチです。（Kami）

＊p113〜、折り方を紹介しています。

Sara Saglietti
サラ・サリエッティさん

イタリア人

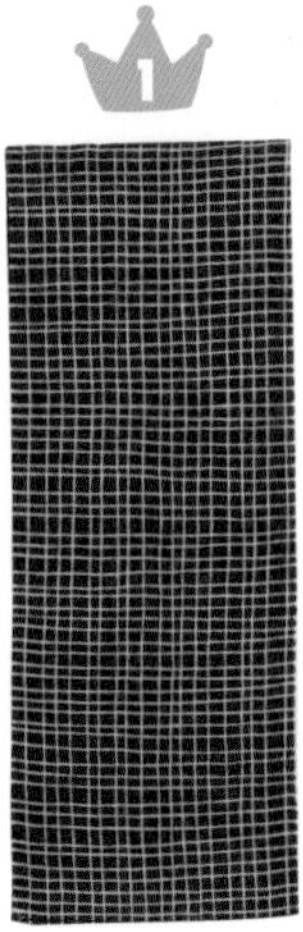

「色が渋く、シンプル。いろんな場面で使えそう」。(NAWA)

右…「バランスがよくて好き」。(丸菊) ／左…「こんなデザインもあるとは！」(カエル)

Neeraj Puri
ニラジ・プリさん

インド人、34歳

「戸の外から幸運が舞い込むのを待っているよう」。(福は内)

右…「並んだキツネが神秘的」。(狐の嫁入り) ／左…「幻想的で愛らしい」。(額装 蛍)

カンボジアの手ぬぐいといえば、「クロマー」。日本の手ぬぐいのような使い方だそう。

海外の方へのおみやげに

かさばらないし、用途が広い手ぬぐいは、海外の方への日本みやげとしても人気です。海外では、使うというよりは飾ることが多いようで、一枚の絵になった手ぬぐいが喜ばれるようですよ。「こうやって使うんです～」と、手ぬぐいを広げて説明すれば、コミュニケーションツールとしても役立ちますね。

Maïa Maniglier
マニグリエ・真矢さん

フランス人
http://www.maiaiam.com/

「グラフィカルな枝のラインの美しさにひかれて」。(新緑)

Ahmet Dursun
アフメット・ドゥルスンさん

トルコ人、29歳

「多くの色を使っていないのに、とても印象的！」(額装 月見)

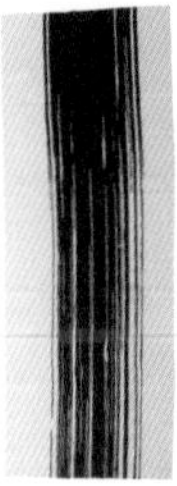

右…「凛とした中に涼やかさと安らぎを感じます」。(ひんやり 大波文)／左…「シンプルで大胆な表現がモダンでカッコいい」。(涼風 黒)

右…「線しかないのに空気の流れを感じます」。(ひんやり 大波文)／上…「日本の古い生活がおもしろい」。(木場)

ニッポンを代表する 富士山の手ぬぐい

ぼかし染めで富士山の壮大さと凛とした様を表現。(逆さ富士)

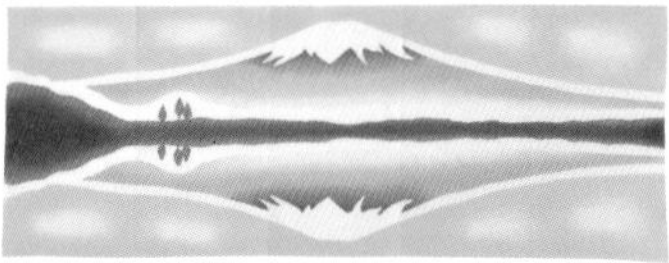

かまわぬのロングセラーのひとつで、モダンな柄。(FUJIYAMA)

富士山を散りばめて。普段使いにもしやすい手ぬぐい。(富士づくし)

飾る

部屋の中に季節をとり入れたいときに手軽なのが、手ぬぐい。額の中の手ぬぐいを入れ替えるだけで、部屋が春になったり、秋になったり……。また、モダンな部屋に、なごみ系の部屋にと、インテリアのイメージチェンジも簡単にできますね。

厳かな和の室礼《しつらい》。春の訪れを告げる梅を、おめでたい紅白で。部屋中が華やぎます。（紅白梅）

3

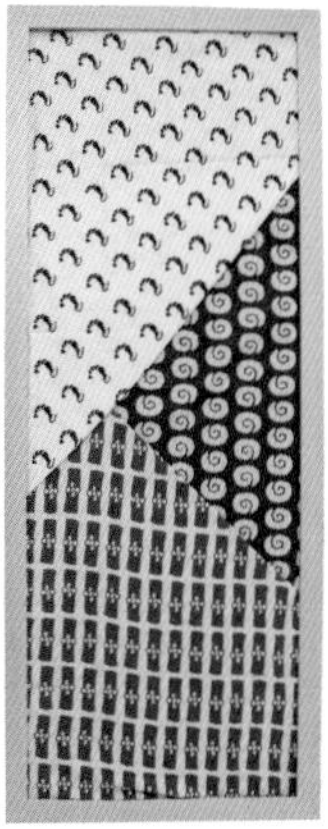

2

1

額に入れる

手ぬぐい用の額を使って、額装。季節や行事によって手ぬぐいを替えて楽しめます。 1. 春が待ち遠しいときに。(額装 菜の花) 2. 2～3枚の手ぬぐいをコラージュして、おせち料理。(海老、伊達巻、昆布巻) 3. 折って小さな額に入れても可愛い。(夏の黒 花火)

タペストリーに

手ぬぐい用のタペストリー棒を使えば、額よりも気軽に飾れます。(額装 蛍)

棒の溝に手ぬぐいをはさみ、付属の木をはめ込むだけ。(桜タペストリー棒)

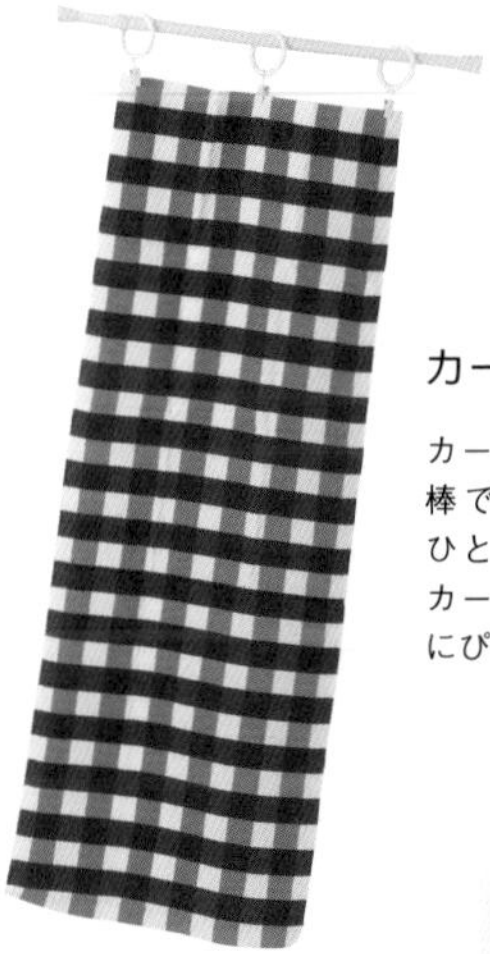

カーテンフックで

カーテンフックとつっぱり棒で手ぬぐいを飾るのも、ひとつのアイデア。小窓のカーテンや棚の目隠しなどにぴったりです。(弁慶縞)

クリップ部分のついたカーテンフックを利用します。

お金持ちに
なりますように

「お金が返る（カエル）」から。「無事帰りますように」との願掛けをするときにも。（カエル）

彼がまめに
連絡してくれますように

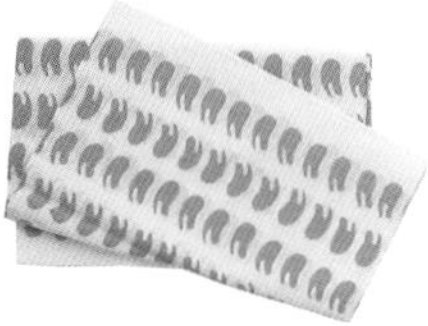

ほかに、「まめに暮らせますように」といった願いごとにも効きます。（豆づくし）

いつまでも健康で
ありますように

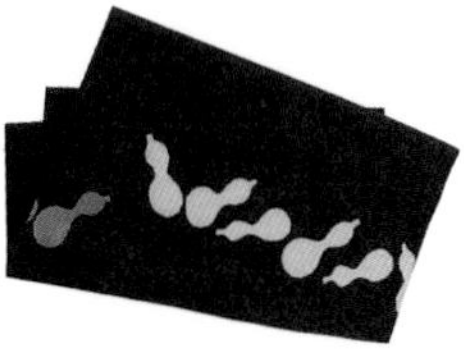

「六《む》瓢《びょう》＝無病」というように、6個のひょうたんで無病息災を願って。（ひょうたんつなぎ）

願掛けをする

扇子は「末広がり」、フクロウは「不苦労」など、昔からある柄には、語呂合わせやだじゃれで、縁起をかついでいるものが多くあります。そこで、願掛けのために手ぬぐいを持つのはいかがですか？ いつもそばに置いていたり、一日中身につけていたりすれば、きっと、ご利益がありますよ。

彼が振り向いて
くれますように

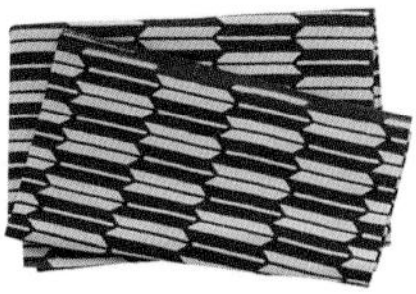

「心を矢で射止める」ことから。意中の人が振り向いてくれるといいですね。(矢がすり 紫)

習いごとが
上達しますように

「芽を出す(上達する)」ということから。ほかに、子どもの成長を祝うときにも使えます。(木の芽)

とにかく、願いごとが
叶いますように

「何にでも効く(菊)」から。菊には、邪気祓いや不老不死といった意味もあります。(菊)

試合で
勝てますように

トンボは「勝ち虫」と呼ばれています。試合やコンペ、大会など、勝負ごと全般に。(とんぼ 水色)

「明日天気になりますように」と、手ぬぐいでてるてる坊主を作って軒下に。(網)

やる気の出る招布《まねぎ》は、勉強机の横に。(一所懸命勉強中)

試験に合格
しますように

入学試験、就職試験、運転免許の試験……。どんな試験にも「勝つ男」になります!(鰹)

初夏の梅雨の季節といえば、アジサイですね。（紫陽花 大）

春のシンボル、ツバメのカッコいい手ぬぐい。（つばめ）

晩秋に花を咲かせ、初夏に実をつけるビワ。（枇杷）

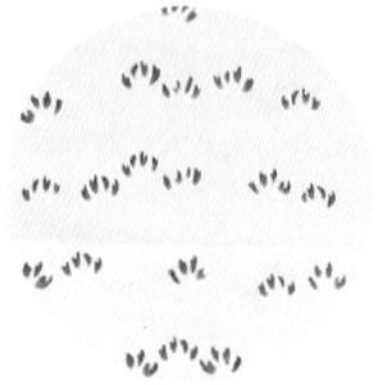

のどかなれんげ畑が思い出されます。（れんげ）

夏祭りの金魚すくいのためか、金魚は夏の風物詩。（流遊金魚）

蝶は「羽ばたく」から、縁起のよい柄としても。（ちょうちょ）

季節を表す

「手ぬぐいを好きになってから、季節に敏感になった」という話を聞いたことがあります。植物や動物、食べ物など、手ぬぐいの絵柄には季節感のあるものが豊富。春が近づいてきたら桜の手ぬぐいを、秋めいてきたらススキの手ぬぐいを……。毎日の暮らしが豊かで潤いのあるものになりますね。

「豆団扇」で、涼しい風を送ります。（でめきん）

冬

雪の結晶には、いろいろな形があるんですよ。(雪の結晶)

雪だるまがおしくらまんじゅうしています。(おしくら雪だるま)

しっとり落ち着きのある冬の花、ツバキ。乙女風です。(椿)

クリスマスだから、グラス代わりに「枡《ます》」。シャンパンやワインを入れても楽しい。(トナカイ)

秋

秋の味覚、キノコ。よく見ると、可愛い形です。(きのこ)

紅葉は秋の定番モチーフ。部屋に飾れば紅葉狩り気分。(箱根)

秋の気配が迫るにつれて、赤トンボは色を深めて。(赤とんぼ)

夏は花火が楽しみですね。(額装 花火)

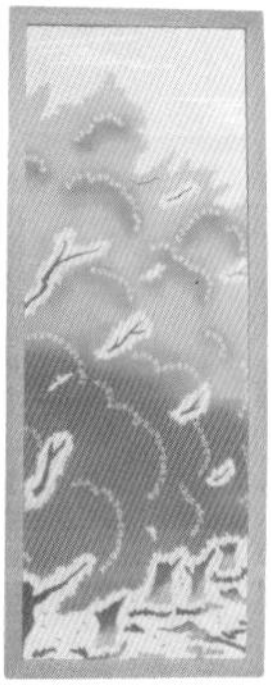

春はやっぱり桜。家の中でも花見を。(額装 桜)

お正月の鏡もちをモチーフにした手ぬぐい。おめでたい気分が盛り上がります。（鏡餅飾り）

ひな人形を飾る代わりに、ひな祭り柄の手ぬぐいを額に入れて。（つるし雛 生成り）

行事を楽しむ

日本に昔からある伝統行事、続けていますか？ 慌ただしく過ぎてしまう日々の中で、そんな季節の行事をちょっと行うことで、何だかとてもホッとし、気持ちがなごむから不思議です。大げさな準備をする必要はありません。手ぬぐいを飾ったり、身につけたりするだけで、気軽に行事を楽しめますよ。

2月3日ごろ 節分

上下の無地部分があることで掛け軸のようになった手ぬぐい。（鬼は外、福は内）

5月5日 端午の節句

男の子の健やかな成長を願って。兜の飾り物よりも、気軽に飾れます。（兜に菖蒲）

7月7日 七夕

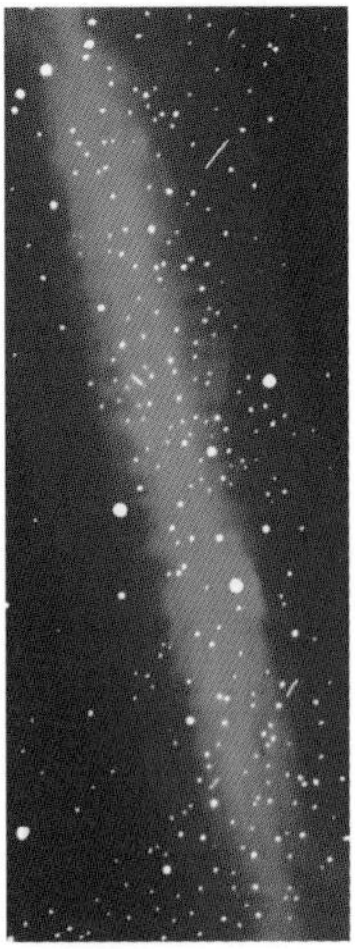

短冊に願いごとを書いて吊るし、星にお祈りを。神秘的な手ぬぐいです。（天の川 ぼかし）

旧暦8月15日 月見

手ぬぐいの中でススキもお団子も供えてあるので、あとは名月を楽しみましょう。（月見障子）

10月31日 ハロウィン

「目かずら」は顔の上半分だけを覆うもの。カボチャに扮装して、ハロウィンを楽しみましょう。（目かずら かぼちゃ）

12月25日 クリスマス

クリスマスツリーの代わりに手ぬぐいを飾り、ちょっと和風のパーティーを。（贈り物）

熱を下げる

冷たくしたアイスノンをカバーするのにぴったり。相撲柄で熱を押し出しましょう。

けがの手あて

手ぬぐいを細く裂いて巻けば、包帯代わりになります。(相撲)

マスク代わり

大判のマスクになります。病気以外に、キャンプの焚き火などのときにも。(よもぎ)

緊急時の使い方

テレビの時代劇などを見ていると、旅先でけがをしたとき、手ぬぐいをさっととり出して細く引き裂き、包帯のように使っているシーンに出くわします。手ぬぐいは不意のけがに活躍するというわけです。また、水でぬらして額などにのせ、熱を下げるときにも役立ちます。救急箱や非常持ち出し袋に手ぬぐいを1本入れておくと安心です。

おでこを冷やす

冷たい水で絞って額にあて、何度も替えましょう。氷嚢《ひょうのう》のあて布としても活躍。（りんご）

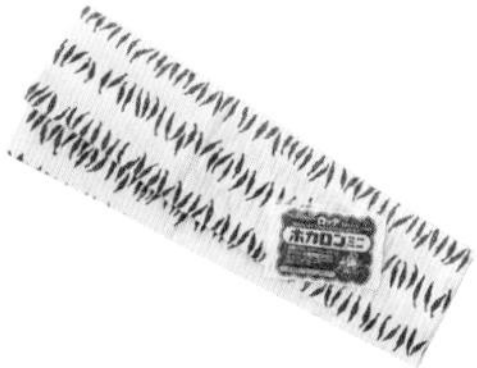

首を温める

手ぬぐいでカイロを包み、首に巻くと、あったまります。寒気がするときに。（唐辛子）

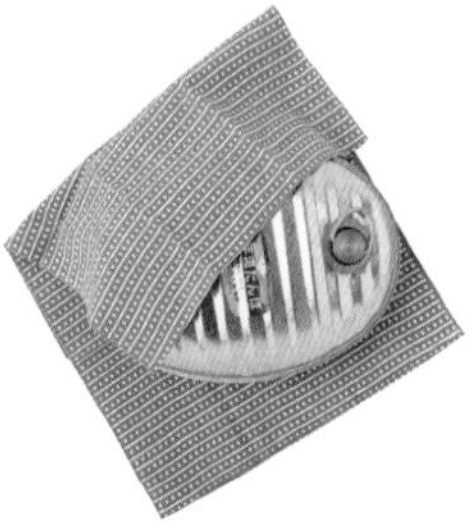

体を温める

そのままくるむほか、手ぬぐいとキルト芯で厚めの袋を作ってカバー。（そろばんつなぎ）

ロープ代わりに

災害時、手ぬぐいを細く裂いて２本をねじり、長くつなげればロープに。（富士づくし）

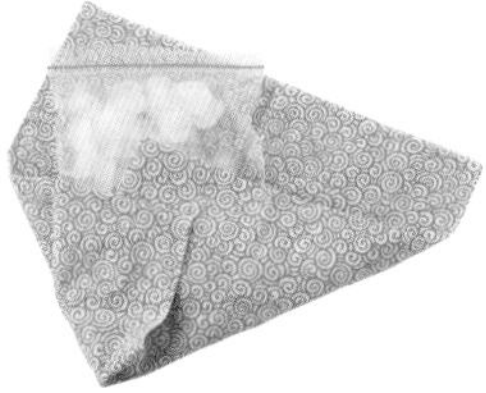

腫れをとる

ジッパー袋などに氷を入れ、手ぬぐいで包んで、腫れた部位にあてます。（渦巻き 水色）

骨折したときに

骨折部の副木《そえぎ》を固定したり、腕などを吊る三角巾代わりとして。（柑橘がさね）

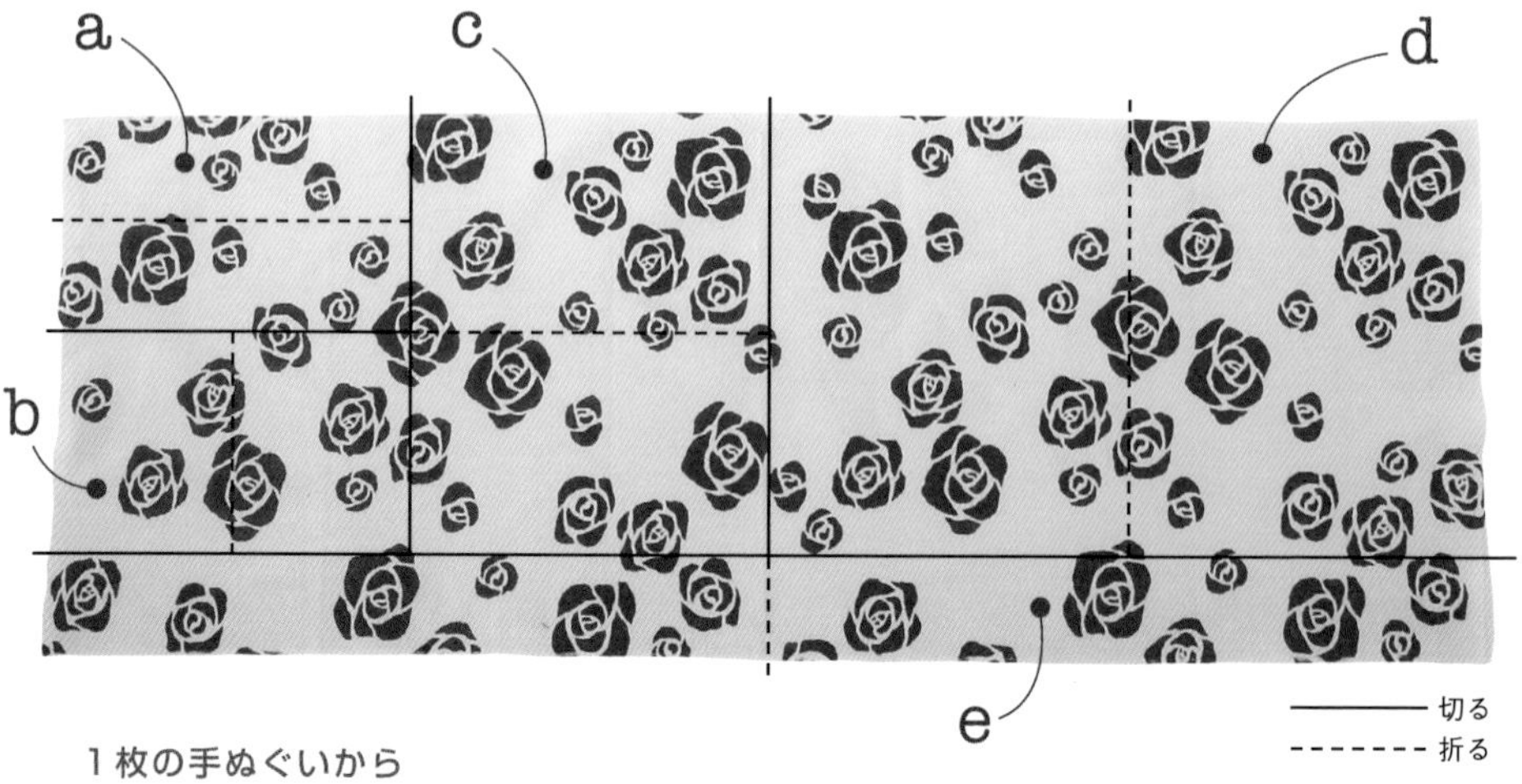

1枚の手ぬぐいから

1枚の手ぬぐいからいろいろな巾着を作ることができます。着替え入れ、歯ブラシ入れ、化粧品入れ……、用途によって巾着の大きさや形を変え、5つの巾着を作ってみました。(ばら)

巾着を作る

手ぬぐいを材料にして、巾着を作りましょう。切らずにそのまま半分に折れば大巾着、二重に重ねてさらに折って作れば、厚手の中巾着、適当に切って半分に折って小巾着……と、折り方や切り方でいろんな大きさ、形の巾着ができ上がります。ほかの柄の手ぬぐいで内袋を作って、リバーシブル巾着なんてのも楽しそうです。

手ぬぐいのハギレでミニミニ巾着。あめやガムなどを入れるのに。(かまわぬ　丸)

a

小さくて細長い巾着は、歯ブラシ入れになります。バッグに入れておいて、外出先で歯を磨くときに。

c

中くらいの巾着は化粧品入れに。けっこうたっぷり入ります。

b

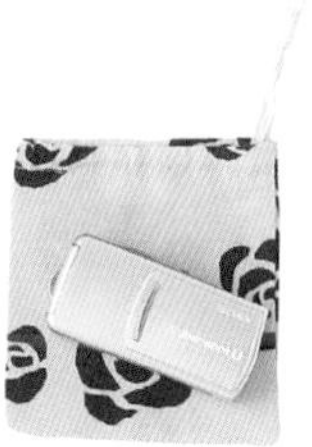

小さい巾着は、デジカメ入れに。生理用品入れにしてもいいですね。

d

いちばん大きな巾着は、着替え入れに。大きめのものでも、すっぽり入れられる大きさです。

e

端を使った細長い巾着はリコーダー入れにいかがでしょう。ひもははさんで縫い、適当な長さに折ってしばります。

どんな部屋にも似合いそうです。（型遊び まる）

クッションカバー

手ぬぐいをぐるっと巻き、袋状に正方形になるように縫うと、クッションカバーになります。百円ショップなどで売っている30センチ角のクッションを入れるのにちょうどいいサイズ。縫うのは簡単だし、飽きたら、縫った糸をほどいて1枚の手ぬぐいに戻せばいいので、気楽に作ってみてください。シンプル柄でも大胆柄でも様になります。

白いラインが手描き風で、味があります。カジュアルなカバーに。（糸引き格子）

雪に見立てた生クリームの上を歩く、サンタさんが隠れています！（クリスマスケーキ）

黒い夜空に美しい光を放つ花火の柄。夏の夜の涼しさが感じられます。（夏の黒 花火）

楽しい気分になりませんか？気分が落ち込んだときにも使いたい。（おかめひょっとこ）

「天気雨」とも言われる「狐の嫁入り」を、一枚絵にした手ぬぐいで。（狐の嫁入り）

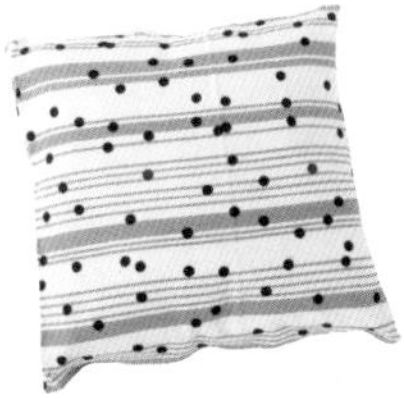

型遊びシリーズのひとつ。ブドウ色の丸が効いています。（型遊び まる＋しま）

手ぬぐいのハギレで、ピンクッションを手作り。（地染め豆絞り 紺）

クッションカバーの作り方

まず、手ぬぐいの端を15センチくらい折り込んでおきます。だいたい正方形になるように重ねて、両端を縫うだけです。

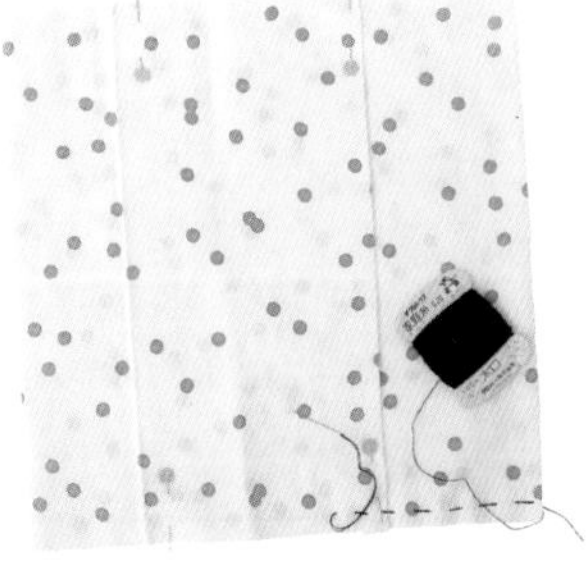

「銀座・伊東屋」さんの100周年記念の手ぬぐい。鉛筆の断面を、縁起のよい亀甲柄に見立てています。

書店「八文字屋」さんが会合で配った手ぬぐい。「大入」の文字に、多くのお客さまに来てほしいとの願いを込めて。

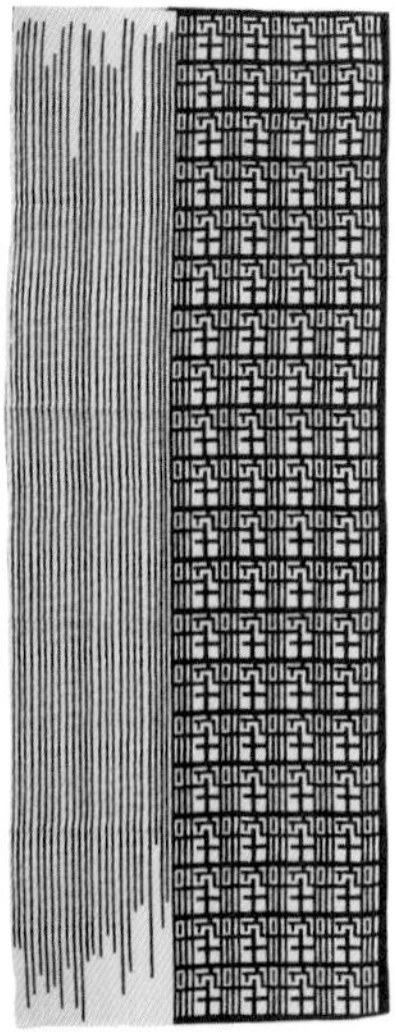

「粋」をテーマに、信州の蕎麦、お菓子、雑貨を扱う「軽井沢 旬粋」のもの。右にロゴ、左に蕎麦の模様入りです。

「帽子屋override」さんのもの。お年賀に配った手ぬぐい。

ごあいさつに

手ぬぐいは昔、歌舞伎役者や商人たちがオリジナルの絵柄をデザインしてお得意先に贈っていました。つまり、名刺代わりだったわけです。現代でも、新年のごあいさつや開店祝い、○周年記念のお祝いなどで、手ぬぐいをいただく機会があります。企業やお店だけでなく、個人のごあいさつにも手ぬぐいを配ってみたいものです。

【新年のごあいさつ】

ひょうたんの窓がついた、のしつきの「ごあいさつてぬぐい」。（松竹梅）

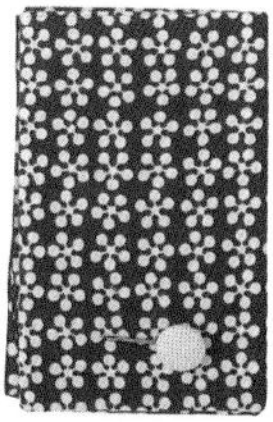

梅の花を文様化したもの。おめでたい柄です。（白梅小紋）

ツルもカメも長寿を象徴する、めでたい動物です。（鶴亀）

お祝いごとや喜びごとに欠かせない竹柄の手ぬぐい。（笹竹）

【名刺代わりのごあいさつ】

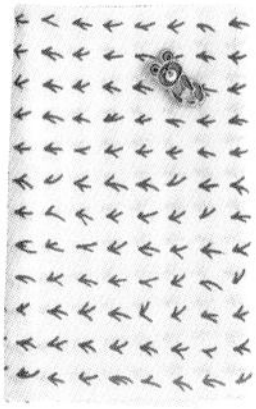

田中など名前に「田」のつく方や、畑仕事が好きな方に。（たんぼ）

菊池など名前に「菊」のつく方や、菊の好きな方に。（菊）

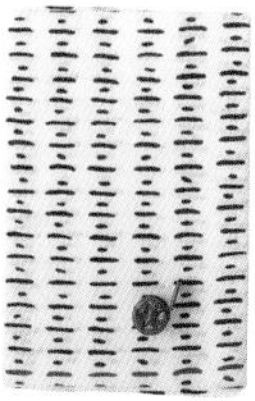

小林、小川など、名前に「小」のつく方に。（小の字）

縁起のよいツルの手ぬぐいを名刺と一緒に。（紅白鶴）

【引っ越しのごあいさつ】

苦労しません（不苦労）ように。（ふくろう）

ご縁が続きますように。（紋がさね 輪違いつなぎ）

引っ越したことにより、いいことがありますように。（良き事聞く）

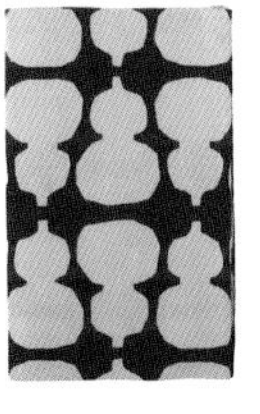

万事丸くおさまりますように。（ひしめき瓢箪）

ごあいさつマナー講座

椅子に座る前に、あいさつをします。

次に、おじぎをします。45度の角度で。

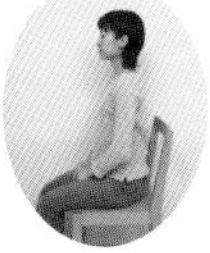

椅子をすすめられたら、座ります。

岩沢義治さん
コレクター歴13年。旅行みやげの王道、みやげ手ぬぐいを中心にコレクション。
「土産手ぬぐいギャラリー」
http://homepage3.nifty.com/tenugui/

菅原すみこさん
コレクター歴10年。ネコ雑貨コレクターでもあるので、ネコ柄の手ぬぐいを中心に集めているそうです。

コレクションする

あなたは、手ぬぐいを何枚持っていますか？ お店に行くと、新しいデザインの手ぬぐいがどんどん出てくるし、値段も手ごろだしで、ついつい1枚、2枚、……と増えていきます。いっそ趣味のひとつとして、コレクションしてしまうというのも楽しそうです。実際、手ぬぐいコレクターさん、けっこういるんですよ。

ナカムラマキさん
コレクター歴6年。素敵なセンスで選ばれた手ぬぐいたちは、どれも魅力的です。「手ぬぐいのススメ」
http://404.imples.hacca.jp/

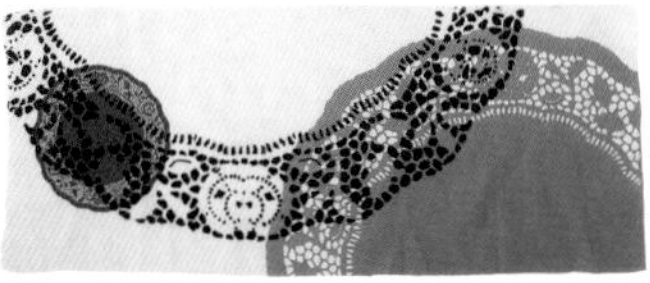

佐々木ルリ子さん
コレクター歴7年。骨董市やアンティークショップを巡っては、おもに、昔の宣伝用の手ぬぐいを集めているそうです。

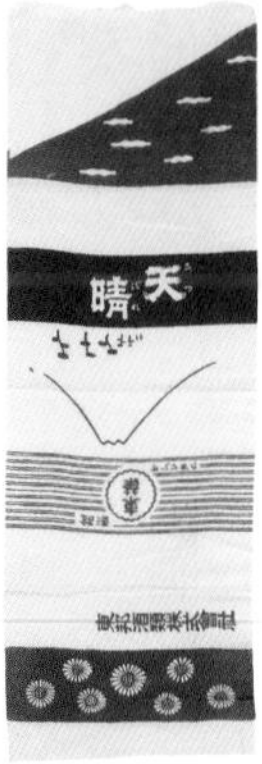

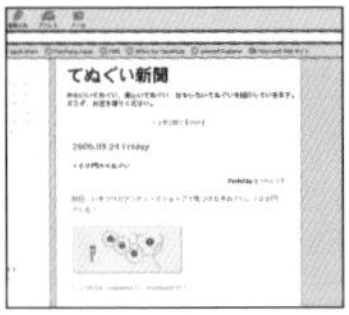

集めた手ぬぐいをブログで公開！　コレクター仲間も見つかりそうです。

クリアファイルに入れてコレクション。テーマ別に分けると、選ぶときに便利です。

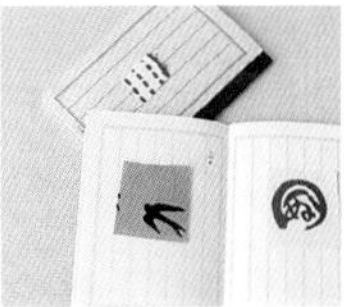

手ぬぐいの端を少しだけ切って、小さなノートに貼りつけ、豆本風に整理。

引き出しに立てて収納すれば、見やすい。毎朝、気分に合った1枚を選びます。

色替え コレクション

ひとつの型を使って、色だけ替えた手ぬぐいです。同じデザインでも、色が違うだけで、まったく違った印象になっているものも。染めのおもしろさですね。

collection 01

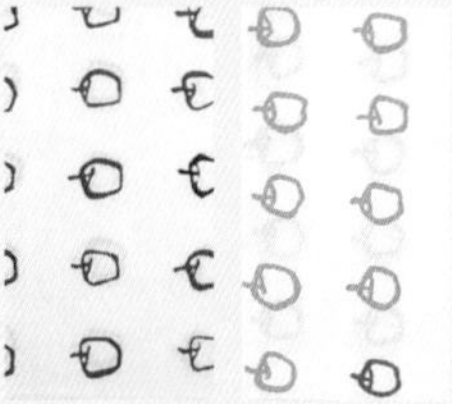

collection 02

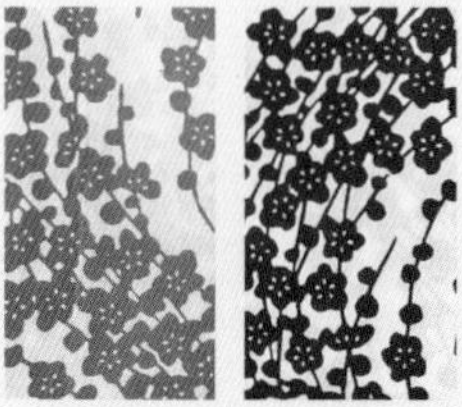

collection 03

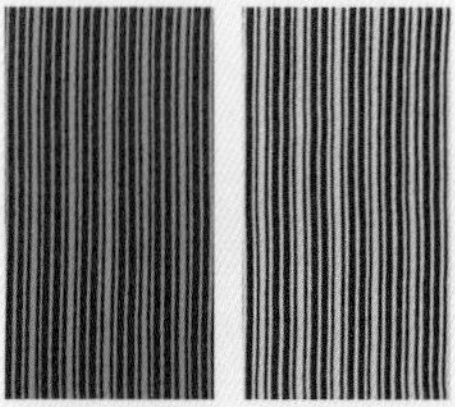

collection 04

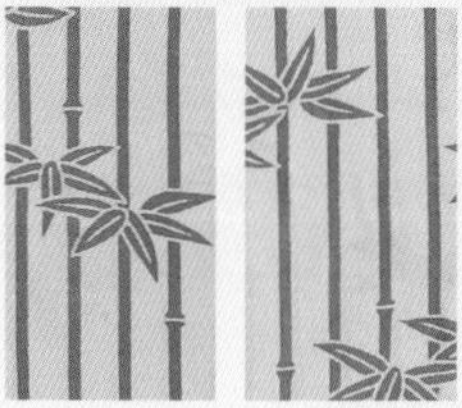

collection 05

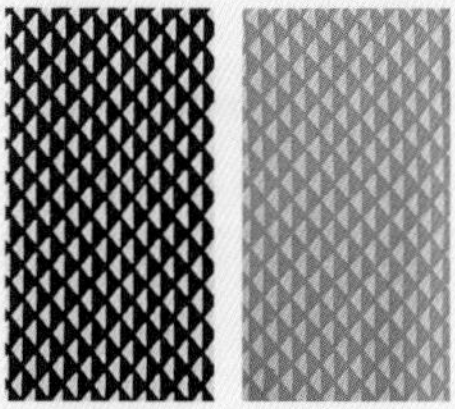

collection 06

01. つばめ
右は、甚平を作るために染めたもの。白地に青鼠《あおねず》のツバメ柄です。

02. りんご
右はイベント用に作ったもの。赤いリンゴから、青リンゴになりました。

03. しだれ梅
同じ梅ですが、色によって男性的になったり女性的になったり、まったく違ったタイプになります。

04. 変わり子持ち縞
右の青いタイプは、シャツなどを作るときに染めたものです。

05. 笹竹
どちらもシックな色合いの手ぬぐいです。

06. うろこ
抹茶から紺に色替えして、すっきり粋に見せています。

collection 08

collection 07

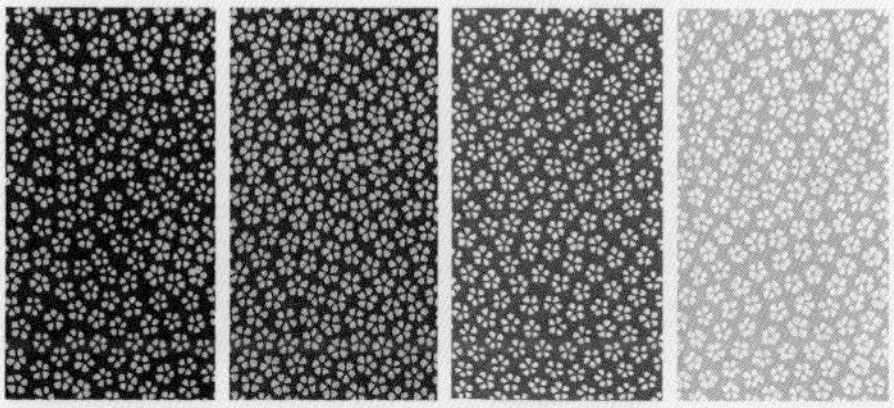

collection 10

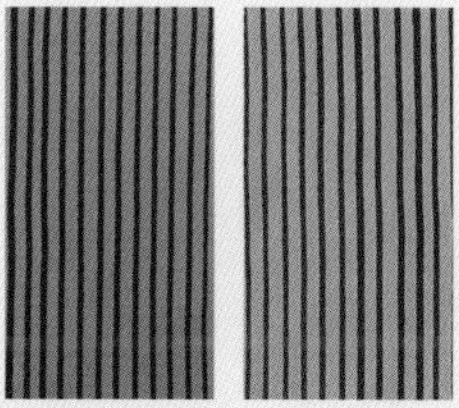

collection 09

手ぬぐいの型。数枚の和紙を柿渋で塗り固めた「渋紙」で作られます。

08. 組格子
ラインの部分がはっきりしたタイプと、なじんでいるタイプ。

07. 丸菊
右とまん中は、お店の記念で作った限定手ぬぐいです。地が白地だと雰囲気がぐっと変わります。

10. 撫子文
同じ柄でも色味によって、がらりと印象が変わります。

09. 段縞
右は、夏の雑貨、うちわを作るときに染めた茶色。

手ぬぐい３枚で作った甚平、気持ちよさそうですね。（金太郎）

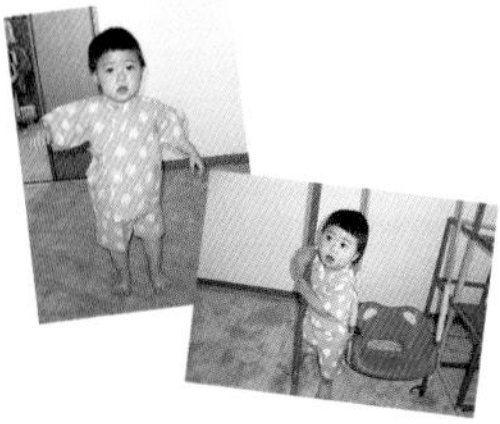

かまわぬの甚平も可愛い。（くまちゃん、おさるちゃん）

甚平を作る

手ぬぐいは通気性が抜群で、汗をよく吸ってくれるので、赤ちゃんにはぴったりです。赤ちゃんがお昼寝をしている間に、手ぬぐいを材料に甚平を縫ってみるのはいかがですか。新生児から1歳くらいの小さい子なら手ぬぐい2枚で、もう少し大きい赤ちゃんなら手ぬぐい3枚で作れます。

制作＊鈴木小百合

1

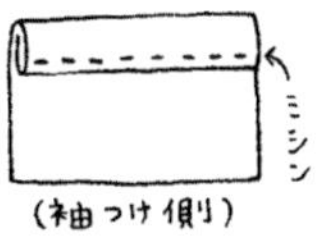

袖口を三つ折りして、ミシンをかけておきます。

2

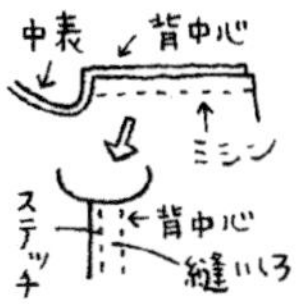

背中心を縫い合わせ、縫いしろを片側に倒してステッチ。

3

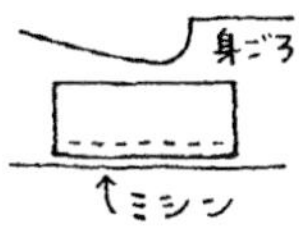

身ごろに袖をつけます。印を合わせて図の点線部を縫い合わせ、縫いしろは割ってアイロンをかけます。

4

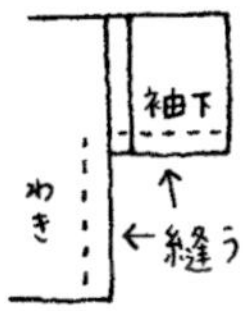

身ごろの脇と袖下を縫います。脇と袖下を一度に縫わず、いったん、糸を切って縫います。

5

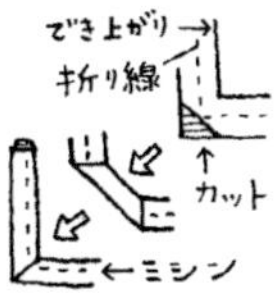

衿下と裾を三つ折りし、ミシンをかけます。

6

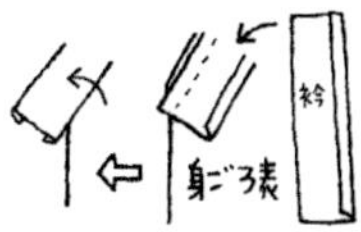

衿を縫いつけます。衿つけの片側の縫いしろを折って、身ごろと衿を合わせて縫い、縫いしろは衿側に倒します。

7

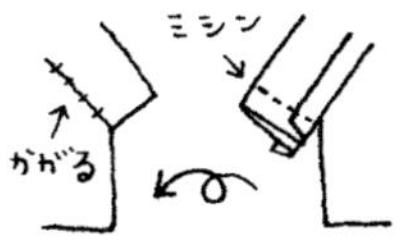

衿を二つ折りにし、剣先にミシンをかけ、裏に返して手でかがりつけます。

8

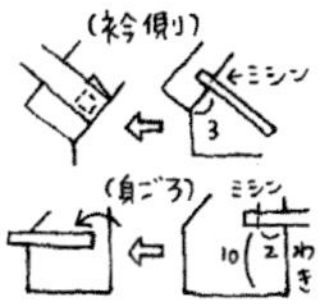

結びひもを２本作って、縫いつけます。

9

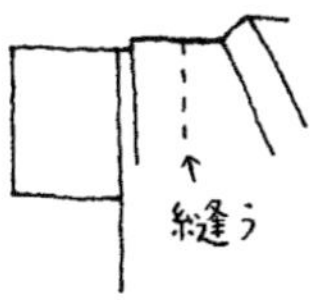

肩上げをつまんで縫い、アイロンをかけて仕上げます。

10

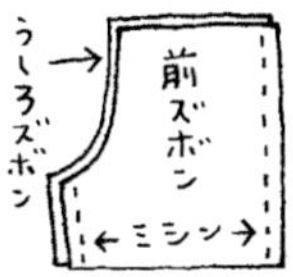

ズボンは、前後の脇を縫い合わせてから、股下を縫い合わせます。

11

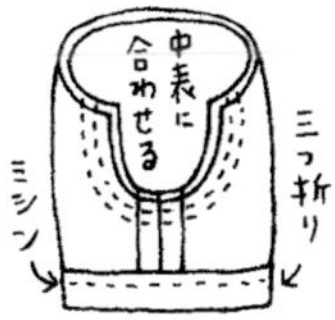

裾を三つ折りしてミシンをかけ、股上を二度縫いします。

12

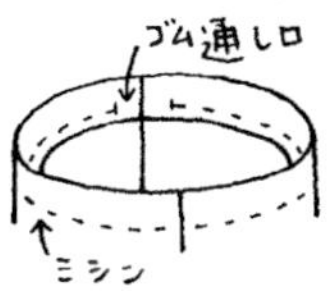

ウエスト部を三つ折りしてミシンをかけ（ゴム通し口を少し開けておく）、ゴムを通します。

＊甚平の型紙はp.127

「さあ、首の運動から～」。手ぬぐいを首に掛けて、ラジオ体操。毎朝の習慣にしたいですね。

ジョギングの汗を拭くとき、手ぬぐいは欠かせません。首に掛けて走ります。（豆絞り 小 青）

釣りに行くときは、首に掛けたり、頭に巻いたりします。釣り道具の手入れにも。（格子づくし）

ハイキングや山登りのときにも、1～2枚は携帯。仲間でそろえれば目印にもなりますね。

球技をして汗をかいたら、手ぬぐい。スポーツの道具と一緒にバッグに常備。（地染め豆絞り 紺）

サイクリング時にも。自転車のサドルに巻いたら、ひと目でマイカーだとわかります。（うさぎ 桃）

スポーツ時の使い方

スポーツをすると、たくさんの汗をかきます。そこで、手ぬぐい。タオルよりもかさばらず、大量の汗もしっかり吸収してくれます。また、大切なスポーツ道具を包んだり、お手入れするときにも大活躍。さらに、屋外でのスポーツ観戦時も、汗拭き、日よけ、また、応援グッズとして、手ぬぐいは重宝します。

2本結べば、リレーのときのたすきになります。

ガンバレー！ 運動会では、はちまきになります。

手ぬぐいストレッチ

体の筋肉を伸ばすことでこりがほぐれ、体を引き締めるほか、肩凝りや腰痛にも効果的です。

1

肩幅に手ぬぐいを持って右斜め前に体を倒します。次に、右斜め後ろに。そのあと、左方向にも同様に。(地染め豆絞り 赤)

2

手ぬぐいの端と中央を持って、右手をできるところまで上げたり、下げたりします。このとき、ゆっくりと。反対の手も同様に。

3

体の後ろで手ぬぐいを持ち(手の幅を狭めに)、あごを引いて、手ぬぐいを斜め下に引きます。胸を左右に開くように。

4

手ぬぐいを両手で持って腕を上げ、上体を右に倒します。左も同様に。

5

手ぬぐいを頭にかけ、右斜め下に少しずつ引きます。左も同様にしましょう。

チームでおそろいで身につければ、団結力が高まります。(市松 赤)

手ぬぐいをおそろいにして、スポーツ観戦時の応援グッズとして。(ソーダ水)

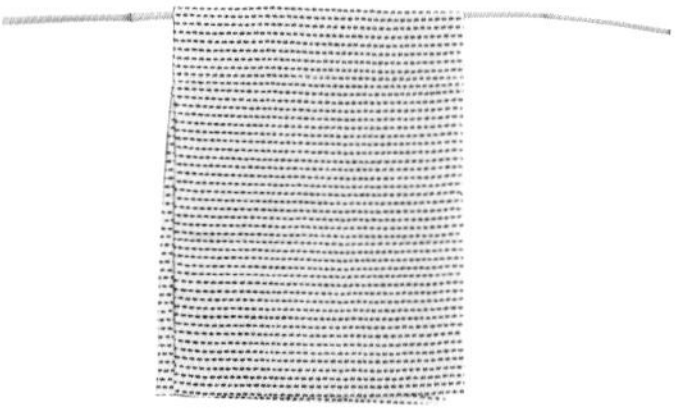

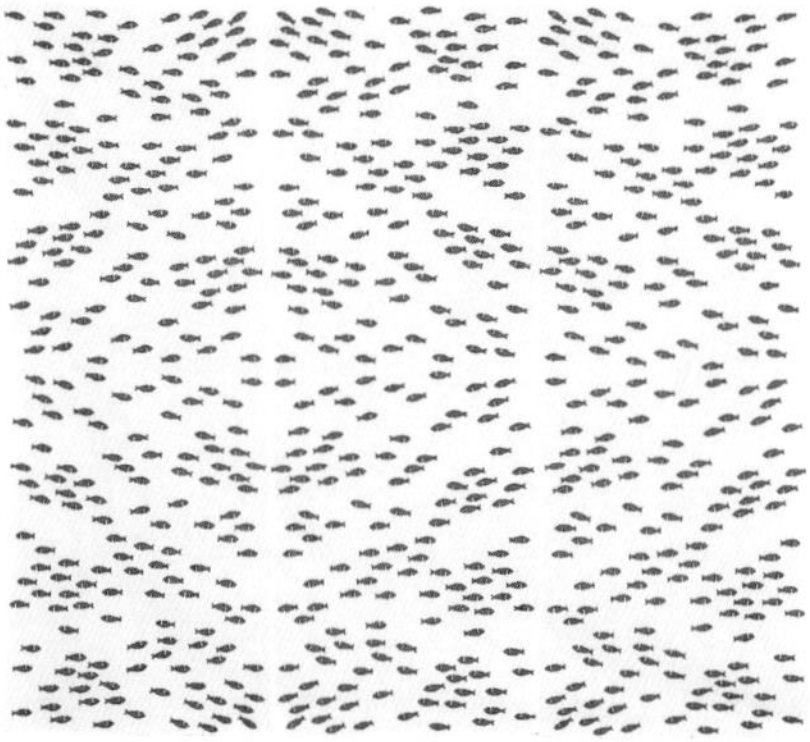

フェイス手ぬぐい

洗面所のタオル掛けに手ぬぐいを。ぬれたり汚れたりしたら気軽にとり替えます。インテリアのアクセントにも。（けし粒つなぎ 青）

バス手ぬぐい

手ぬぐいを３枚縫いつなげて大判にし、バスタオル代わりにします。バスタオルと違ってかさばらず、乾くのもすぐです。（群れ魚）

３枚つなげると、子どもが体を巻くのにちょうどいい大きさ。

タオル代わりに

雨の日が続いたりすると、憂うつなのがたまった洗濯もの。とくにタオルは毎日使って毎日洗うものなのに、乾きがあまりよくありません。いっそ、家中のタオルを手ぬぐいに替えてしまうというのはどうでしょう？肌にあてたときの気持ちよさはタオルに劣りませんから。

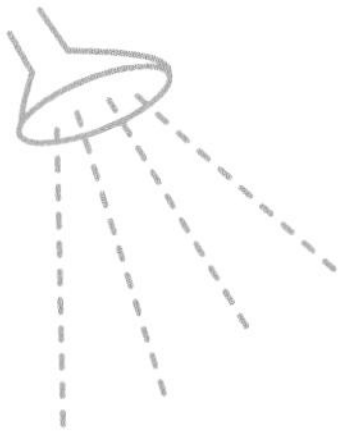

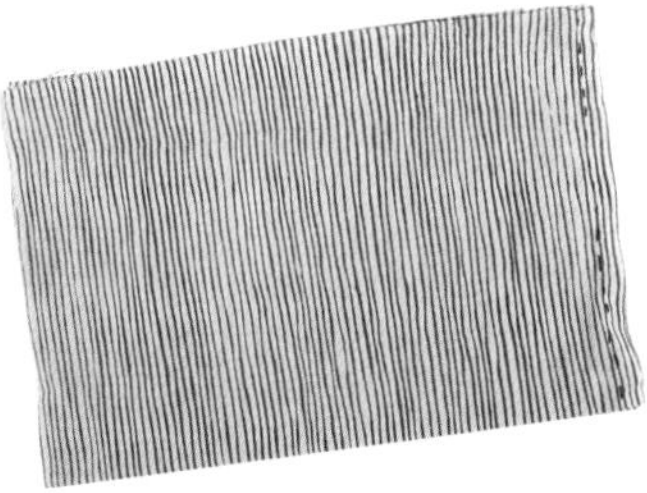

折ったタオルを手ぬぐいの中に入れてまわりを縫えば、手ぬぐいマット。足をのせると気持ちいいんです。(よろけ縞 青)

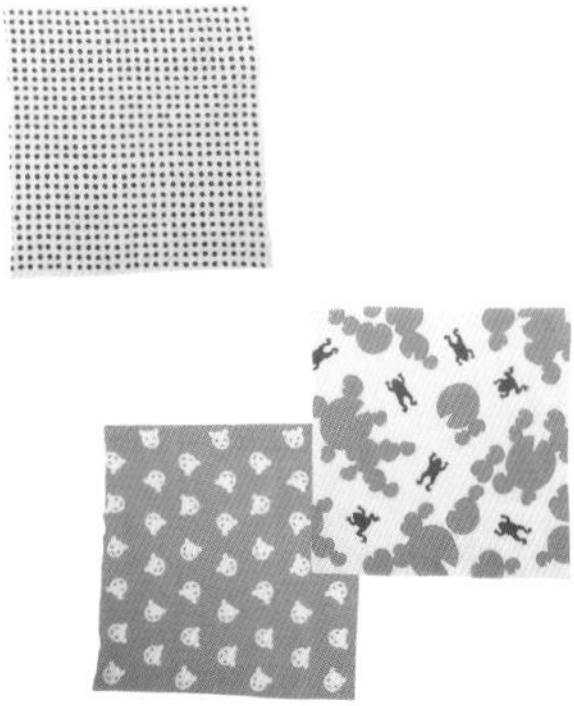

ミニ手ぬぐい

ミニタオルならぬ、ミニ手ぬぐい。3分の1くらいの長さに切っておけば、さっと使えて便利。(カエル、くまちゃん、豆絞り 小 青)

雨の日に大活躍

急に雨が降ってきた場合の、傘代わりに。(傘 水色)

口の開いたバッグはぬれやすいので、中身全体を覆います。(良き事聞く)

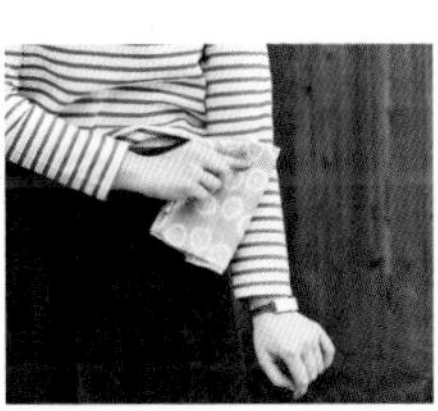

雨で衣服がぬれてしまっても、手ぬぐいなら大きいので、しっかり拭けます。

ぬらしたくない大事な書類を包むのにも役立ちます。(和傘)

さあ出発。カバンの中に手ぬぐいを入れて。

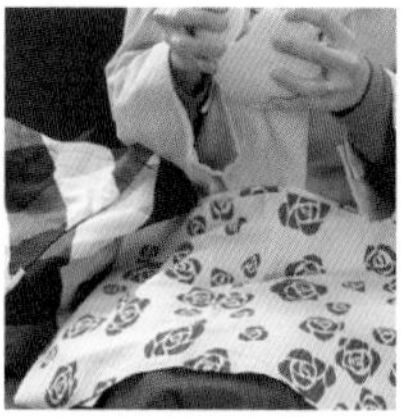

旅先に向かう電車の中。おやつを食べるときのひざ掛けに。

観光地に到着。肌寒いときは首に巻いて。

手ぬぐいを２本持って温泉へ。

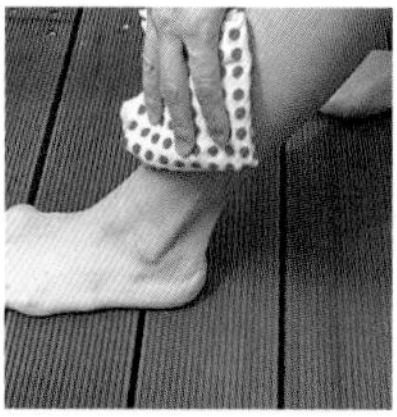

かたく絞って、体を拭きましょう。

スーツケースに巻いておけば、目印に。（ばら七宝）

旅のおともに

手ぬぐいなら、タオルのようにかさばらず、コンパクトに収まるので、旅行カバンに2〜3本入れておくと重宝します。旅先で温泉やお風呂に入るときはもちろん、スーツケースの中の荷物整理、肌寒いときの防寒、日よけ、記念撮影時の旗……と、使い道いろいろ。宿に夜干しておけば、朝は乾いているという便利さも見逃せません。

頭に巻いて、洗った髪の水気をとります。

乾いた手ぬぐいを持って宴会場へ……。

ぬれた手ぬぐいは部屋に干して乾かします。室内の乾燥対策にも。

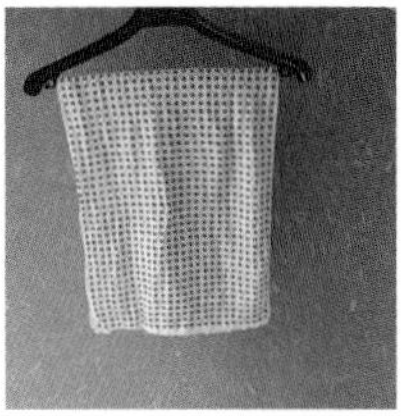

お昼ごはん。麺類なら前掛けにしましょう。

おやつが余ったら、手ぬぐいで包んで。

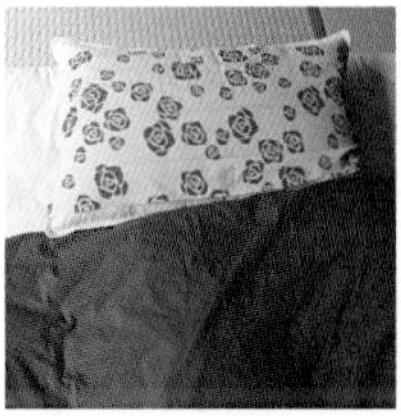

手ぬぐいを枕カバーにして、おやすみなさい。

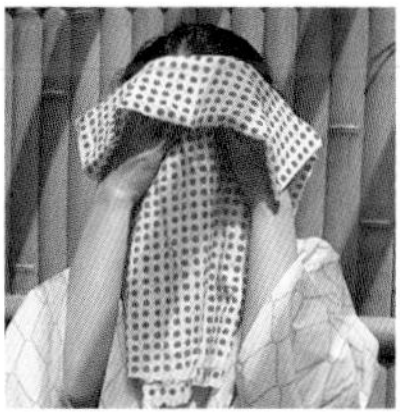

朝起きて顔を洗ったら、手ぬぐいで拭いて。

旅館をあとに出発！
暑いときは、首に掛けて汗拭きに。

ただいま～

楽しい旅行でした！

旅先別のおすすめ柄

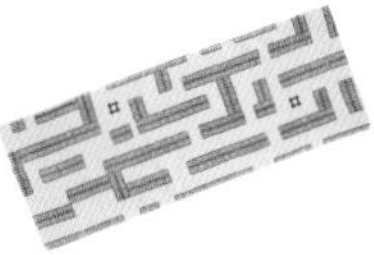

城下町で観光をするなら、こんな柄。（城下町）

島に行くなら、「島」と「縞」をかけて、こんな柄。（縞づくし）

山登り、山あいの温泉地などに行くときにはこんな柄。（山道）

海水浴や海辺の宿に行くなら、こんな柄。（網）

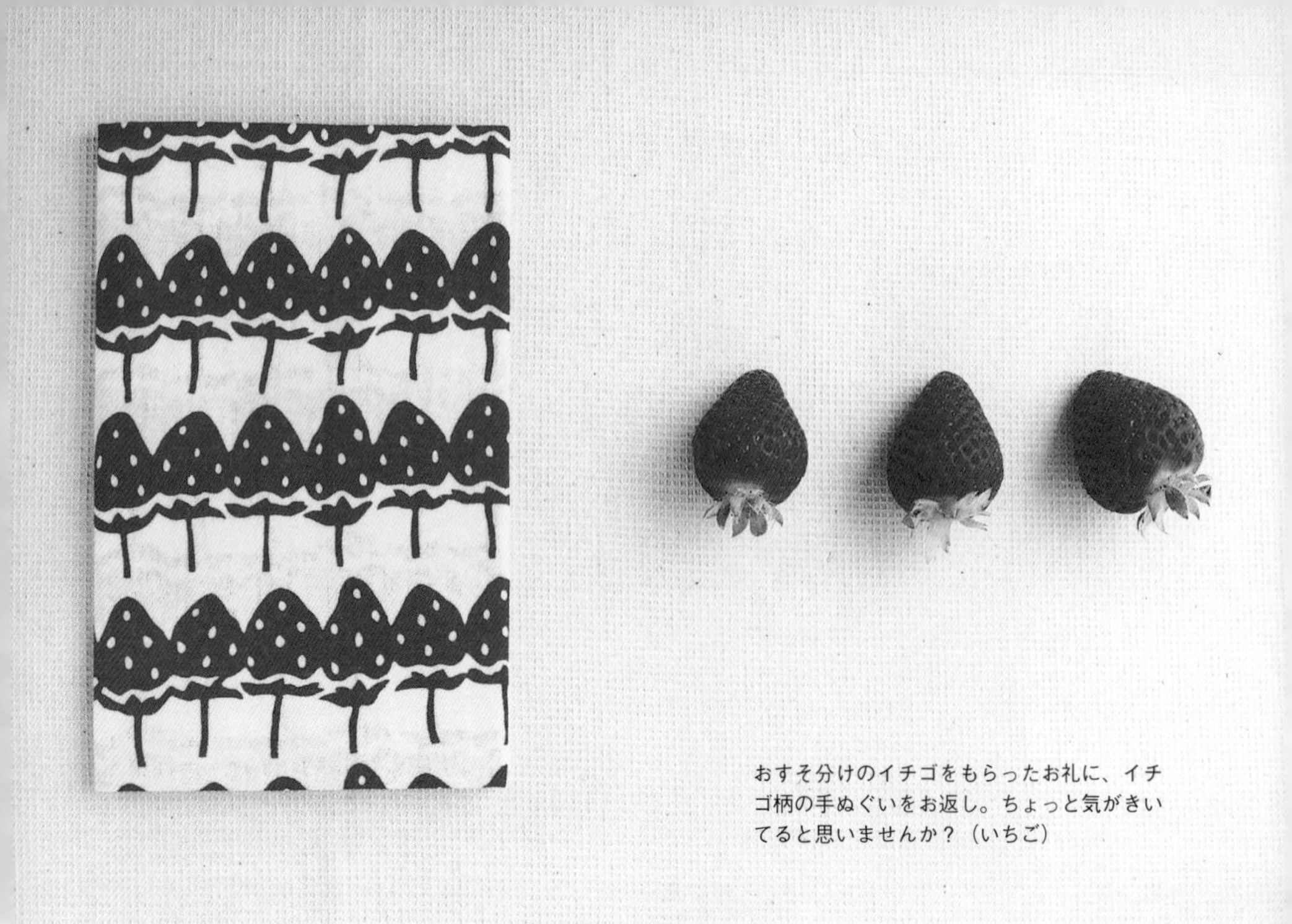

おすそ分けのイチゴをもらったお礼に、イチゴ柄の手ぬぐいをお返し。ちょっと気がきいてると思いませんか？（いちご）

ありがとうを伝える

「手拭たとう紙」。手ぬぐい1枚がきれいに入ります。（おかめひょっとこ）

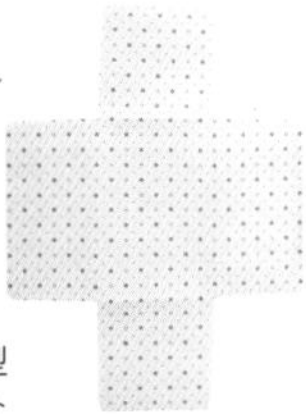

右のたとう紙を型紙にして、好きな紙で作っても。

伝える

江戸時代、男性から五尺手ぬぐいを贈られると、それは求婚を意味し、受けとれば婚約が成立するという習わしがあったそうです。手ぬぐいで愛の告白だなんて、ドキドキしますね！

手ぬぐいを着物風に畳んで、結婚の内祝いセット。

お祝いを伝える

祝儀袋として使ったあとは、半分サイズの手ぬぐいとしても楽しめます。（てぬぐい祝儀袋 吉祥鶴亀、あそび犬張子）

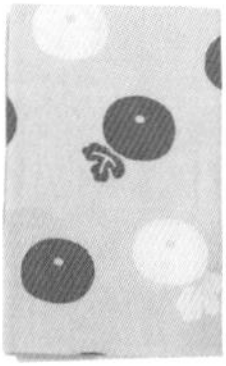

手ぬぐいの用途である「拭く」を「福」にかけた「福福てぬぐい」。（紅白まんじゅう菊、雲唐草、菊亀甲）

愛を伝える

失恋してしまったときのかぶり方は、「吹き流し」が似合います。（大菊）

ハーフサイズの、チョコレート柄手ぬぐい。バレンタインデーの贈り物に。（ちょこっとてぬぐい）

バラは「私はあなたを愛する」、忘れな草は「私を忘れないで」と、伝えたい思いを花言葉に託して。（ばら、勿忘草）

このタイプの男性にはこの柄を！

【都会派】
モダンでシンプルな縞がおすすめです。（千筋）

【アウトドア派】
ワラビやフキなどが描かれています。（山菜散策）

【グルメ派】
おいしいお店に敏感な彼に贈りたい。（唐辛子）

【スポーツマン派】
速く飛ぶツバメのように、軽快に。（つばめ）

「判じ絵」は絵を使ったなぞなぞみたいなもの。魚の判じ絵、全部わかりますか？答だけ紹介しますので、その「ココロ」を解いてみてください。（判じ絵）
タイ／シタビラメ／クラゲ／カマス／タコ／クジラ／カツオ／スバシリ（ボラの稚魚）／イワシ／ホウボウ／イシナギ／ハゼ／ニシン／アイナメ／スズキ／タラ／サバ／セイゴ／ナマズ／メバル／フグ／トビ／アナゴ／サメ／アジ／アンコウ／アワビ／イルカ／シャコ／ウナギ／エイ／イナダ／カサゴ／１柄不明

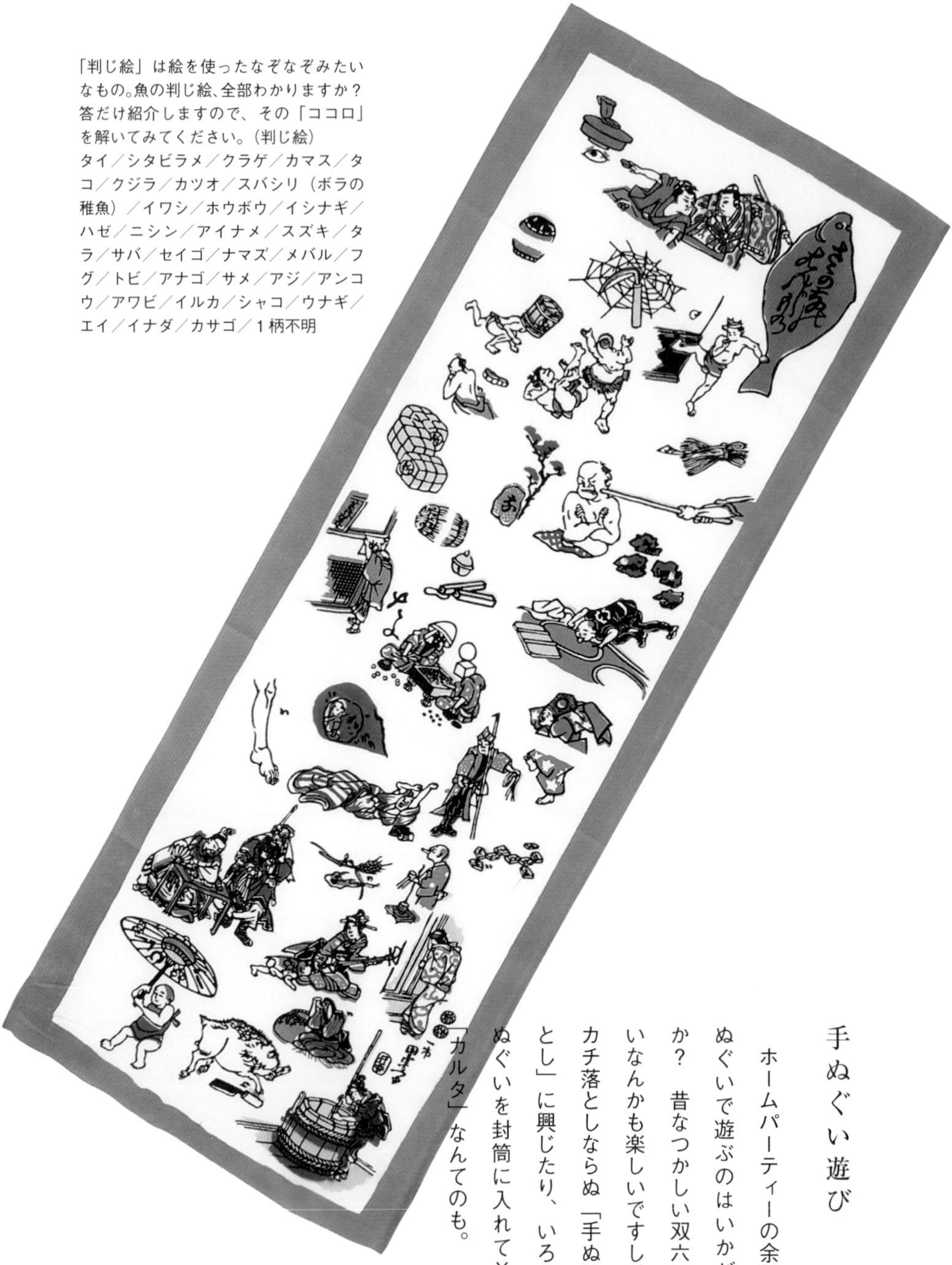

手ぬぐい遊び

ホームパーティーの余興に手ぬぐいで遊ぶのはいかがですか？ 昔なつかしい双六や福笑いなんかも楽しいですし、ハンカチ落としならぬ「手ぬぐい落とし」に興じたり、いろんな手ぬぐいを封筒に入れて並べた「カルタ」なんてのも。

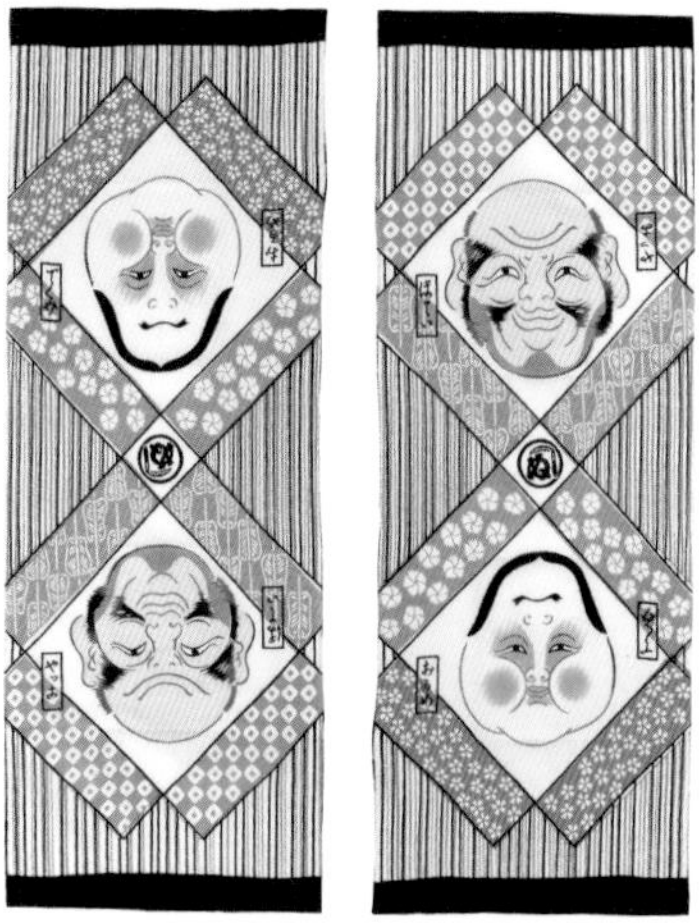

江戸時代からある、だまし絵を手ぬぐいの柄にしたもの。上下を逆さまにすると、まったく違った表情になります。(上下絵)

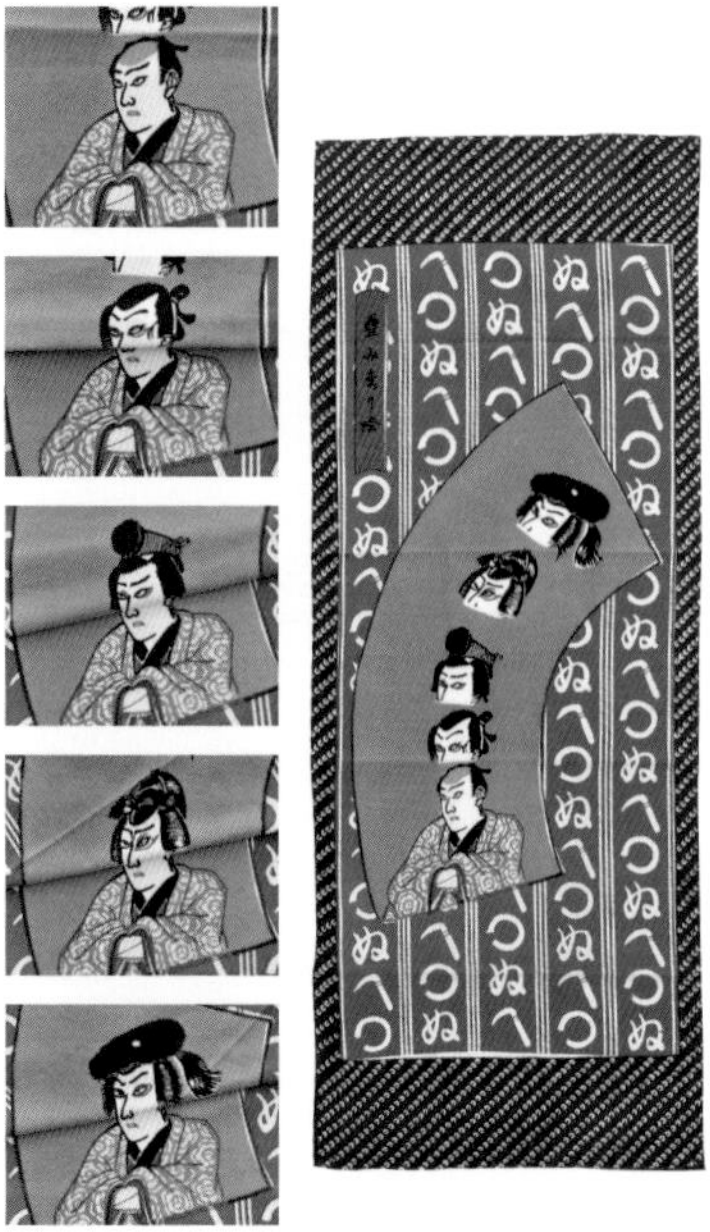

一枚の手ぬぐいを折り畳むことで、役者のカツラがどんどん変わる、遊び心のある手ぬぐい。(畳み変わり絵)

お正月の団らんにぴったりの双六柄。みんなで遊びながら正月の習わしを知ることができます。(双六)

手ぬぐいを両手で持ち、相手とからませ、引っ張り合って相撲。(市松 赤、唐草)

歌川広重によって描かれた浮世絵をもとにした柄。酒宴での余興のお手本です。(影絵)

大は小をかねる

漢字の「大」と「小」。横から見ると、わかりやすいですね。（大の字、小の字）

とらぬ狸の皮算用

まだ決まってもいないうちから、期待していろいろ考えること。（狸つなぎ 紺、そろばんつなぎ）

海老で鯛をつる

小さいもので、タイのような立派で大きなものを手に入れる意。（海老、めでたい）

ひょうたんからこま

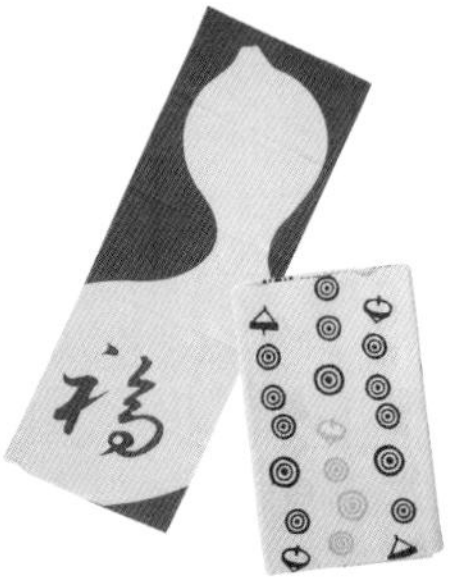

本来は「ひょうたんから駒」ですが、駒と独楽《こま》をかけて。（こままわし、福瓢箪）

手ぬぐい絵合わせ

手ぬぐいの図柄や名前を使った言葉遊び。こんなふうにセットにして贈ると楽しそうです。

ところで、幕末のころ、「手ぬぐい合わせの会」といって、手ぬぐいを交換する集まりがあったそうです。それぞれがこっそり図案を考えて染め、会に持ち寄って、手ぬぐいを見せ合いながら交換したとか。現代にも復活させたい会ですね！

ネコが手ぬぐいをかぶっているので、「ネコかぶりする」。

雨あられ

「感謝感激雨あられ」というように使います。モノトーンの、シックな組み合わせです。(あられ、雨)

瓜ふたつ

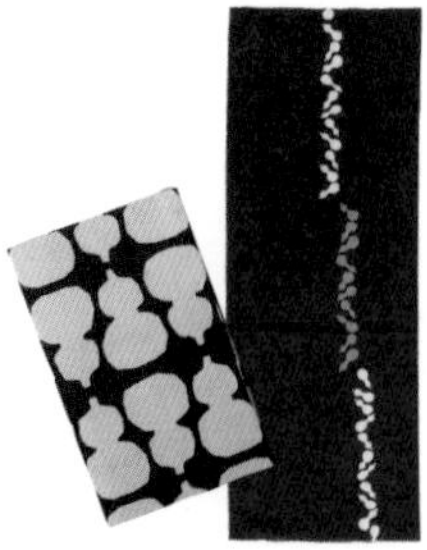

よく似ていること。2種類のひょうたん（うり）を合わせて。(ひょうたんつなぎ、ひしめき瓢箪)

水を得た魚

自分の力を発揮できるところで、イキイキと行動すること。(魚、渦巻き 水色)

商い繁昌

春柄、夏柄、冬柄があって、秋がない（あきない）ので。(雪だるま紺、金魚、たけのこ)

ドラえもん

未来から来たネコ型ロボットですが、タヌキにも似ていますね。(福猫づくし、狸ちらし)

待つうちが花

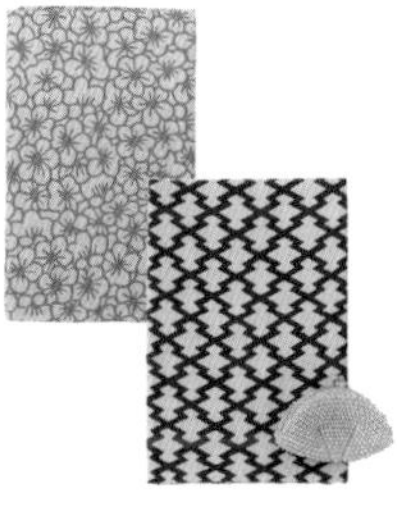

デートでも旅行でも、楽しみに待っているときがいちばん幸せ!?(松皮菱、小梅)

手ぬぐいトート

ハンカチ、財布、ティッシュ、携帯……、けっこう入ります。

手ぬぐいを切らずにちょこっと縫うだけでトートバッグになったら、うれしいですよね！　折って、少し縫うだけの簡単トートを紹介しましょう。飽きたら糸をほどき、1枚の手ぬぐいとして再び使えます。薄さが気になるときは、二重にして作ったり、裏地をつけても。

考案＊みずうちさとみ

こんな可愛い手提げ袋も。

どんなファッションに合わせても、しっくりなじむ柄。（大の字）

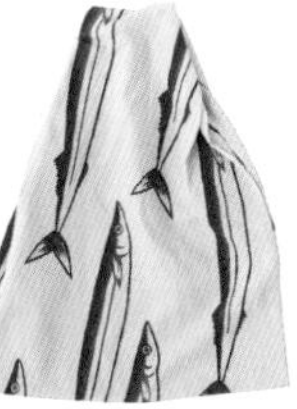

スーパーへお買いものに行くなら、こんな柄も楽しい。（秋刀魚）

デートに行くなら、ラブリーな手ぬぐいで作ったトートで。（ばら）

手ぬぐいトートの作り方

❶

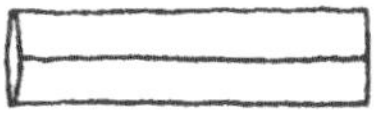

手ぬぐいの両脇を折り、まん中で合わせます。

❷

さらにまん中に向けて折り、四つ折りに。細長くなります。

❸

折った側を表にして長さを半分に折り、端を重ねて縫います。

❹

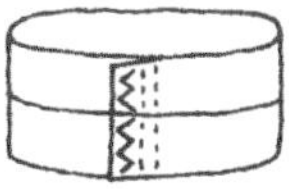

縫いしろを片側に倒して、ミシンをかけます。

❺

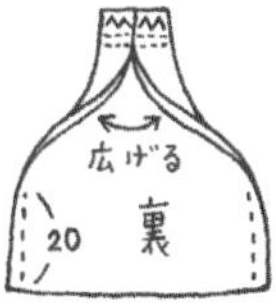

四つ折りしたところを広げ、左右の端を下から20センチ縫います。

❻

表に返して、形を整えれば、でき上がりです。

手ぬぐいのある一日

いったん手ぬぐいを使い出すと、その便利さ、心地よさから、毎日の暮らしに欠かせないものとなります。朝起きてから夜寝るまで、手ぬぐいの出番はたくさん。洗濯にたいした手間はかからないので、惜しげなくどんどん使ってしまいましょう。

朝の洗顔時に顔を拭く

朝起きて顔を洗い、手ぬぐいで拭くと、シャキッとした気分になります。（豆絞り 小 青）

お化粧のときのケープ代わり

メイクのときはどうしても粉類が落ちがち。ケープ状に手ぬぐいを掛け、衣服をカバーします。（小梅）

日中、汗を拭く

暑い時期でも、手ぬぐいなら、たっぷりかいた汗をしっかりぬぐうことができます。（さざ波 水色）

お昼のお弁当を包む

お待ちかねのランチタイム。お弁当箱を包んでいた手ぬぐいは、広げてマット代わりにすると重宝。（ふたえ籠目）

歯磨きするときに

お昼ごはんのあとは歯磨きを。歯ブラシや歯磨き粉と手ぬぐいをセットにしておきましょう。（晒流し）

おやつタイムのお皿代わり

＼おやつは楽しみ／

職場でおやつを食べるとき、ティッシュがお皿代わりでは寂しすぎる……。可愛い手ぬぐいで。（コーヒー豆）

夕食時の、マットに

夕食のメニューや気分に合わせて手ぬぐいを選び、マットにします。ナプキンにするのもおすすめです。（七宝 濃茜）

お風呂で体を洗う

肌触りのよい手ぬぐいで体をゴシゴシ。石けんの泡もきめ細かくなって、さっぱりした洗い上がりです。（渦巻き 水色）

入浴後のストレッチに使う

毎日の習慣にしたい、ストレッチ。手ぬぐいを使えば、ストレッチの効果もアップします!?（杉綾 緑）

就寝時、枕カバーに

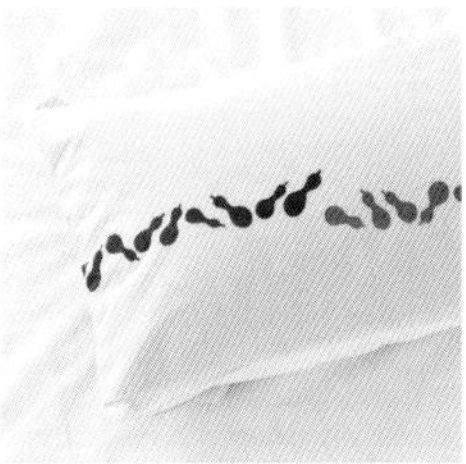

枕の上から手ぬぐいをさっと巻いただけ。手ぬぐいだけ洗えばいいので、洗濯の手間も省けます。（ひょうたんつなぎ 白茶）

「おせんべいやさん本舗 煎遊」の「黒胡椒せん」。小ぶりな薄焼きせんべいに黒胡椒がたっぷりまぶされ、ビールに合います。同様に刺激的なガイコツ柄の手ぬぐいで包んで。（ガイコツ）＊包み方p.121

手みやげを包む

手みやげを選ぶとき、相手の顔を思い浮かべながら「何にしよう？」と考えるのはわくわくします。さらに手みやげにぴったりの手ぬぐいを選んで包み、手ぬぐいごと渡すのはいかがでしょう。手ぬぐいはその後も使えるので、とてもエコ。ラッピングの紙やビニールが無駄になりません。

かまわぬ浅草店限定の、特別焙煎のコーヒー豆を手みやげに。

てくてくてく…

「HIGASHIYA」の「棗《なつめ》バター」は、ドライフルーツの「ナツメ」とクルミ、発酵バターを合わせた、ひと口サイズの和菓子。食べると、口の中に幸せが広がります。凜《りん》としたHIGASHIYAの雰囲気に合わせた手ぬぐいで包んで。（細雪）

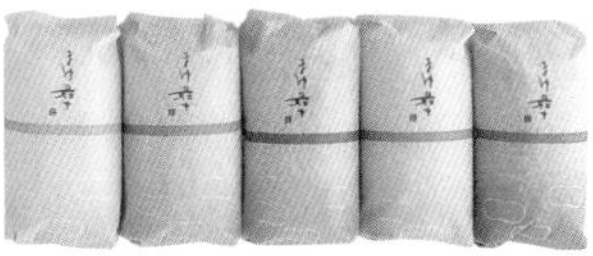

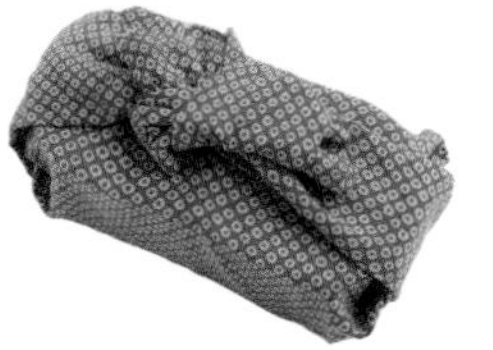

「蜂の家」の「まゆ最中」。小倉、柚子、胡麻、白つぶし、黒糖といった５種類のあんが入った、ひと口サイズの最中。最中の愛らしいイメージに合わせて、日本に昔からあるスイートな柄の手ぬぐいで包んでみました。（疋田文 抹茶） ＊包み方p.120

「紫野 和久傳」の「西湖《せいこ》」は、レンコンと和三盆で作られた上品な和菓子。わらびもちよりもっと切れのよい弾力性があります。たくさんの穴が開いて「見通しがよい」とされるレンコン柄の手ぬぐいで包んで持って行きましょう。（れんこん）

日よけに。窓に挟んでおけば、落ちてくることはありません。ただし、車の走行中ではなく、停車しているときに。(山路文)

車を磨くときに。とくに使い古してふんわりした手ぬぐいなら、車体を傷つけずにやさしく拭くことができます。(渦巻き 水色)

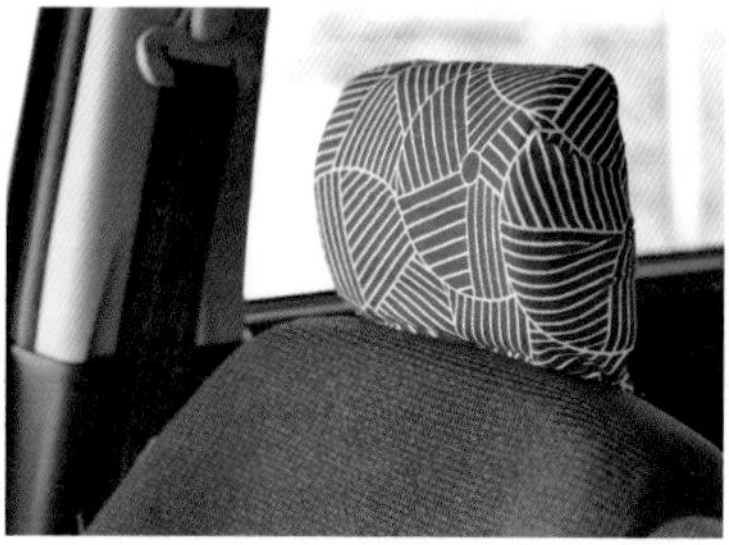

シートのヘッドレストに巻くのに、手ぬぐいはちょうどいい大きさ。暑い時期には、シート全体に縦長に掛けても。(臼の目文様)

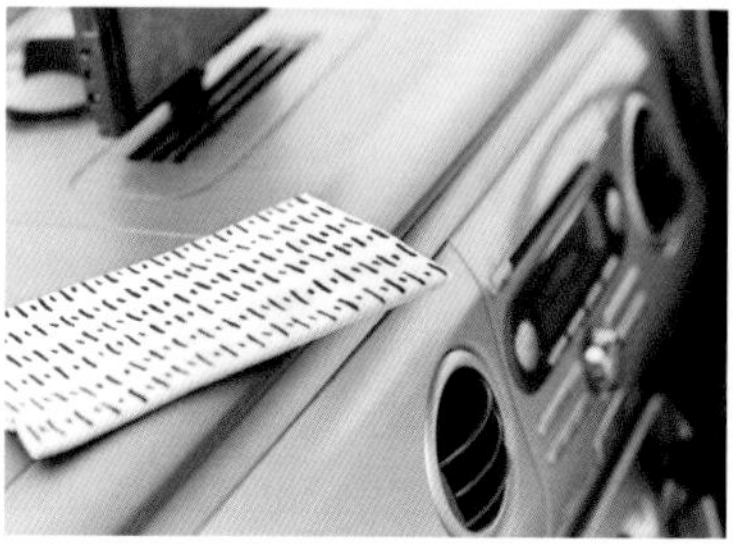

車内のグローブボックスやドアポケットなどに手ぬぐいを1枚入れておきましょう。ハンドルや車内をささっと拭けて役立ちます。(小の字)

ドライブ時の使い方

「バッグに常備」がおすすめの手ぬぐいですが、愛車の中にも1~2本入れておきましょう。車内の清掃に使ったり、ドライブ時の日差しが気になるときに腕や肩をカバーしたり、車内で何か食べるときのひざ掛けにしたりと、役立ちます。ちなみに、岩手県の気仙地方では、結婚式を挙げる人の、車のドアミラーに赤い手ぬぐいを巻く習わしがあるとか。素敵ですね。

CARまわぬ

「CARまわぬ」は古きよき日本の風物詩、「物売り」をイメージした手ぬぐい移動販売カー。期間限定で、全国各地を回っています。CARまわぬの限定商品もあります。

＊日時や場所はホームページで。

in 代官山 蔦谷書店

in 益子ヒジノワ（右）、in トネリコフェスティバル（左）

1

2

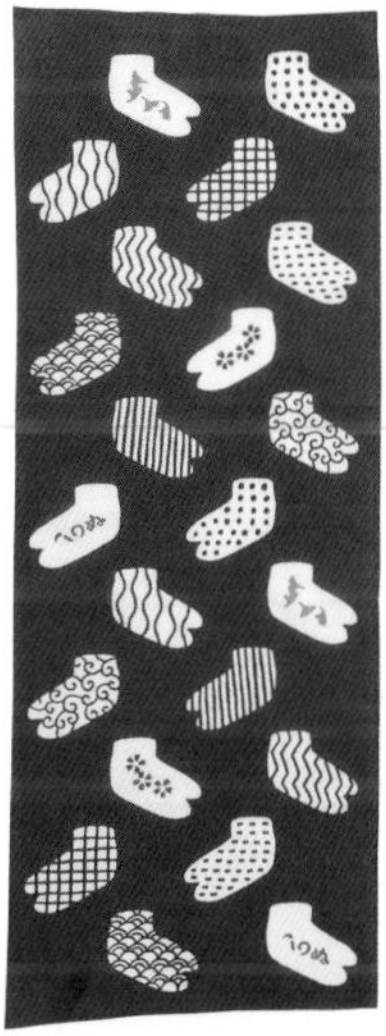

3

4

1.「かまわぬ」の判じ絵の輪の部分が、一部タイヤとハンドルに。（CARまわぬ） 2.「CARまわぬ」が手ぬぐいを載せ、西へ東へところかまわぬ旅をしています。（旅の道） 3. 足袋と「旅」をかけて。（たび） 4.「CARまわぬ」のパーツがプラモデルに。（プラモデル）

楽器を拭く

机を拭く

汗を拭く

メガネを拭く

窓ガラスを拭く

椅子を拭く

手を拭く

リンゴを拭く

愛車を拭く

宝物を拭く

足を拭く

頭を拭く

何でも拭く

「手ぬぐい」という名前がついているように、手ぬぐいは「手をぬぐう（拭く）」もの。そして、手だけでなく、いろいろなものをぬぐう（拭く）のにぴったりです。体を拭く、頭を拭く、机を拭く、床を拭く、鏡を拭く、愛車を拭く、汗を拭く、涙を拭く、……。こうやって、「拭く」を続けていると、「福」がたくさん訪れるかもしれません！

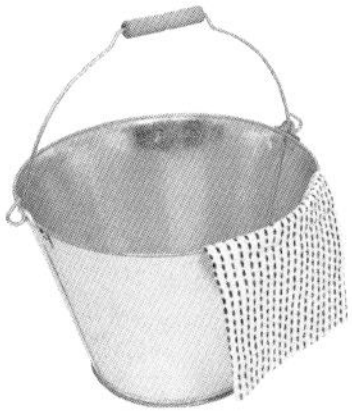

汚れたらすぐに拭けるように、バケツに手ぬぐいを常備。（けし粒つなぎ 青）

靴を拭く

タンスを拭く

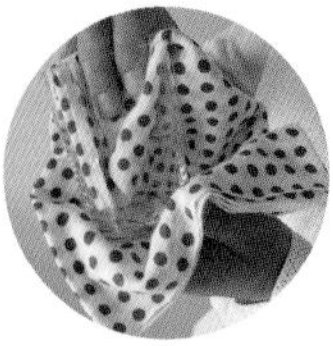

食器を拭く

口を拭く

心を拭く！

床を拭く

涙を拭く

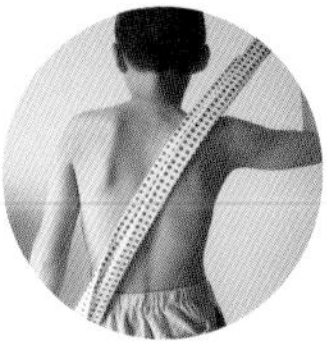

背中を拭く

手ぬぐい8面雑巾

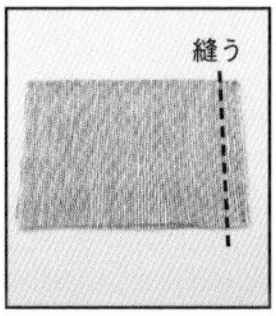

長さが４分の１になるように屏風畳みにし、片方の端だけ縫います。

汚れたらめくってひっくり返し、新しい面にして。

表、裏、表、……と、順に使っていきます。

すると、８面使うことができます。

何枚もくっつけたら

手ぬぐいを6枚つなげ、1枚の大きな布にしてみました。多用布として、インテリアのポイントになりますね。もっと大きくしたいなら、8枚や10枚つなげても。いろんな柄をパッチワークのように組み合わせても可愛くなります。ほかに、十数枚を縫いつなげて浴衣《ゆかた》やシャツ、ワンピース、スカートに仕立てることも可能です。

間仕切りやカーテンにも。つっぱり棒やフックなどを使って。

テーブルクロスに。汚れても気軽に洗えます。（豆絞り 小 青）

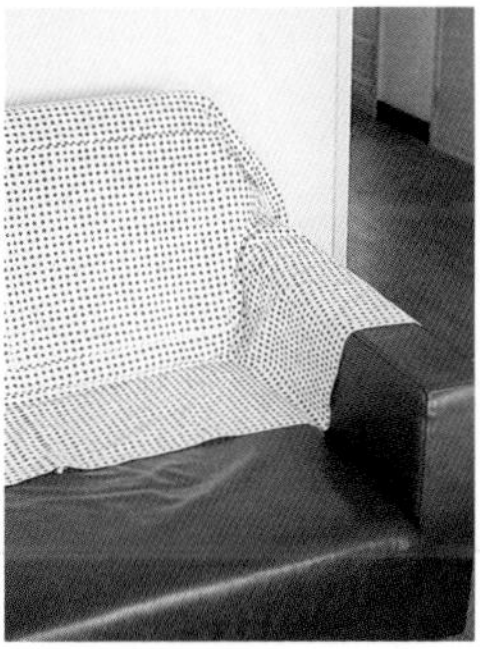

ソファーカバーやコタツカバー、ベットカバーなどに。

大風呂敷に。大きな荷物もラクに包めます。

手ぬぐいで浴衣を作る

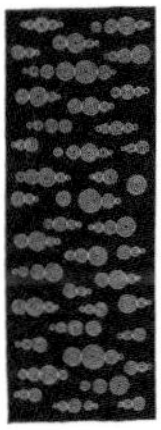

手ぬぐい十数枚で浴衣《ゆかた》を作ることができます！ そして、その浴衣をほどいて赤ちゃんのオムツにする……、昔風で素敵。（水紋 紺）

手ぬぐい2枚の上部をつなぎ合わせるだけで、のれんになります。（糸引き格子）

手ぬぐいの枕カバー。サルとカニ、そして、お話に登場する食べ物や道具が描かれています。（さるかに合戦）

眠るときのおとも

手ぬぐいにほおをあててみてください。気持ちいい肌触りでしょう？ そう、枕カバーにぴったりなんです。ほかに、掛けぶとんの衿にするという、昔ながらの知恵も。方法は簡単で、かぶったときに首にくる端に手ぬぐいをかぶせます。掛けぶとんカバーは毎日洗えないので、手ぬぐいだけとり替えます。

手ぬぐいを枕カバーにしていい夢見よう

3 2 1

1.「一富士二鷹三茄子」は初夢に見ると縁起がよい夢。(富士づくし) 2. お花畑でお昼寝気分。(花めぐり)
3. 縁起のよい柄で願掛けを。(七宝 濃茜)

手ぬぐいで快眠アイデア

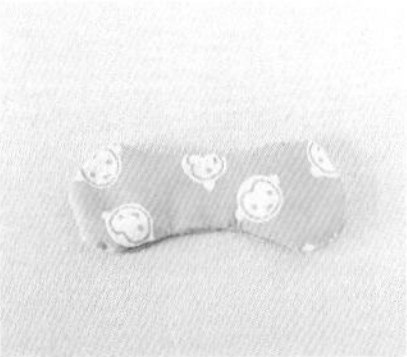

手ぬぐいでアイマスクを手作り。中にお米を入れると、落ち着きます。(おさるちゃん)

手ぬぐいでハーブを包み、枕元に。気分が落ち着き、深い眠りに誘われます。(よもぎ)

寝苦しい夏の夜は、冷やしたアイスノンを手ぬぐいで巻いて枕に。(おしくら雪だるま)

子ども用枕を作る

手ぬぐいを半分に折って端を縫い、裏返して綿を詰めた子ども用枕。ミニクッションにも。(音符)

猫の寝床に

愛犬や愛猫の寝床に手ぬぐいを敷いてあげましょう。ペットの毛を払いやすいのが魅力。(群れ魚 紺ながし)

代官山店の入口に咲く、特徴的な白アジサイをほぼ原寸に近い大きさで描いています。（代官山本店限定 代官山あじさい）

限定 手ぬぐい

かまわぬの各店舗でしか手に入れることのできない限定品の手ぬぐい。それぞれの土地にちなんだモチーフが使われています。

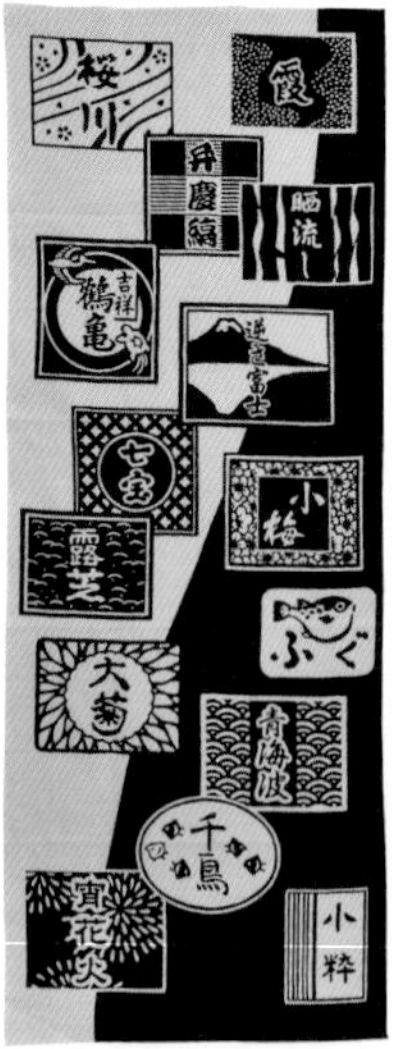

ずらりと並んだ酒ラベル。自分好みのお酒を選ぶように、手ぬぐいを選んでほしいとの願いを込めて。（小粋新宿店限定 小粋酒造）

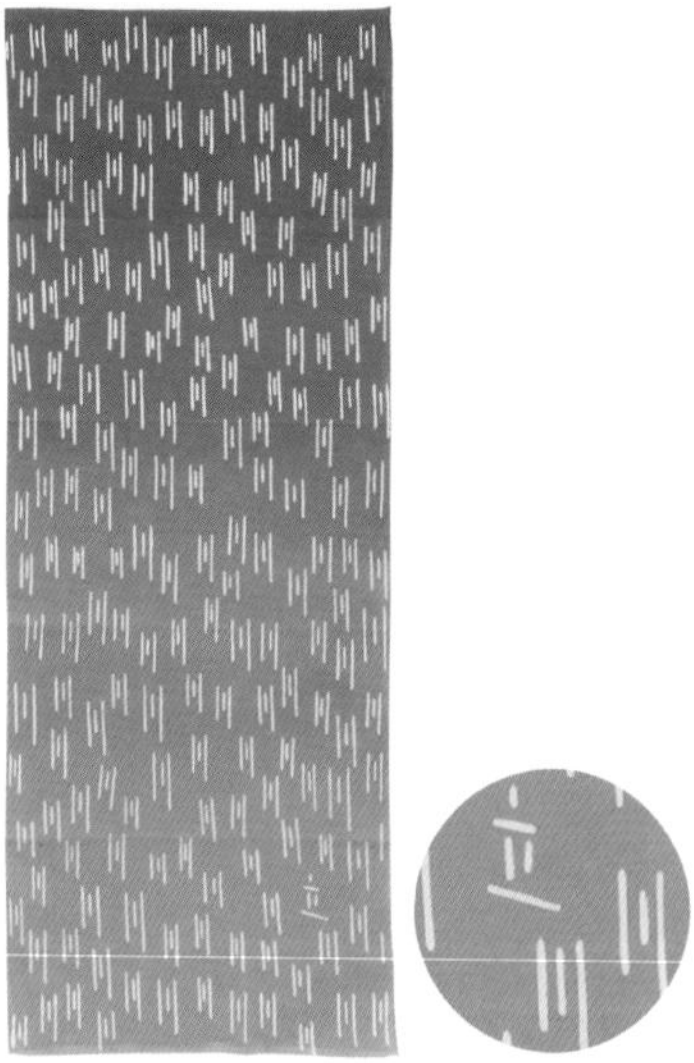

立川の南部を流れる多摩川がゆったりと流れる様子を手ぬぐいに。多摩川は立川という地名の由来だという説も。（立川店限定 立川）

横浜の観光スポットをマップのようにデザイン。この手ぬぐいを持って横浜を巡りたい。(みなとみらい店限定 横浜マップ)

東海道五十三次の宿場名をもじって、猫の生態を描いた歌川国芳の、「猫飼好五十三疋」がもと。(原宿店限定 猫飼好かまわぬ好み)

四ツ花文様を七宝と組み合わせた柄（右）と、中国「蜀」の首都を流れる河、「蜀江」をデザインした柄（左）。(丸の内店限定 アーバン小紋 四つ花七宝、蜀江)

松竹梅に鶴の舞う、たいへん縁起のよい柄。お祝いごとを華やかに彩ります。(名古屋店限定 寿松竹梅)

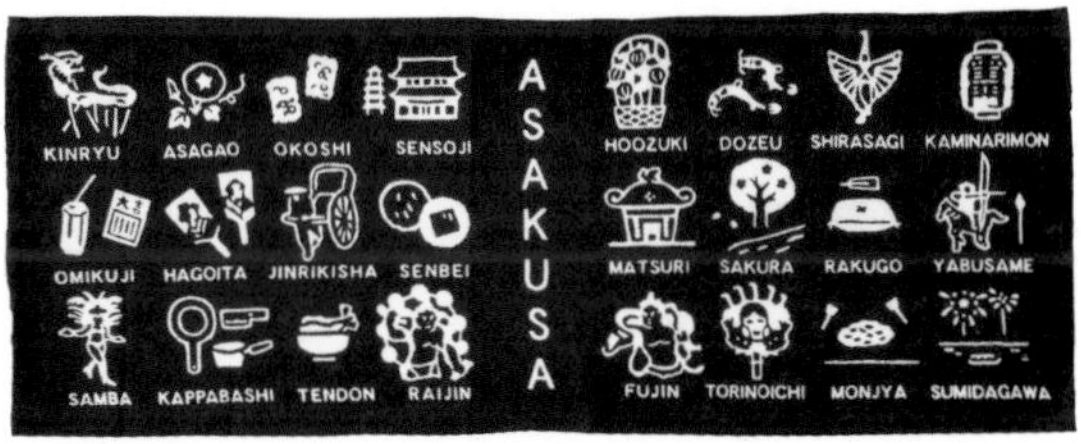

雷門や浅草寺、人力車など、浅草ならではモチーフを、手ぬぐい「NIPPON」のように描いたもの。(浅草店限定 ASAKUSA)

ハギレも楽しむ

可愛い手ぬぐいのハギレ、どんなに小さくなっても捨てられませんね。ハギレの形を生かしたり、柄を生かしたりして、小物を作ってみましょう。紹介したほかにも、コースター、針山、シューズキーパー、お手玉、室内履き、箱に貼ってデコレーション、プチぬいぐるみ、メジャーカバー、……。アイデア次第です。

ハギレを切って、接着剤で貼るだけの簡単ヘアクリップ。（地染め豆絞り 紺）

お茶用フィルターにハーブを入れて、手ぬぐいで作った小袋で覆ったサシェ。（青海波）

手ぬぐいの柄をうまく出して、くるみボタンに。くるみボタンキットを使えば簡単です。

カギや外した腕時計、ヘアピンなど、ちょっとした小物入れに。（桜吹雪）

シール。ハギレに両面テープを貼り（もう一方ははがさない）、好きな形に切るだけ。

携帯ティッシュカバー。口のところにも細い手ぬぐい地を入れてアクセントに。

表布と裏布の柄合わせを楽しめる、デジカメケース。（銀杏 小、冬空）

名刺入れ。フタつきの袋を作って、ボタンとひもで留めます。厚紙で補強を。（大菊）

心を込めて、お守り。中にキルト芯を入れてふっくらさせましょう。（めでたい）

いつもバッグの中に。（千鳥）

ハンカチ代わり

「ハンカチ代わりにする」。手ぬぐいの使い方の中でも定番です。メリットはいろいろあります。たとえば、手ぬぐいは大きいので、ハンカチみたいに一度手を拭いたらビショビショ、なんてことを避けられます。また、デザインが多様なのが手ぬぐい。バッグから出したとき、みんなの注目の的になるかもしれません。

通常の約３分の２サイズの「子てぬぐい」。（うさちゃん、のりもの 青）

口のあいたバッグやカゴなどの目かくしに。バッグやカゴをおしゃれに見せる効果もあります。(七宝)

公園のベンチなどに座るとき、手ぬぐいをさっと敷きます。手ぬぐいは大きいので、2人は座れますね。(とんぼ 水色)

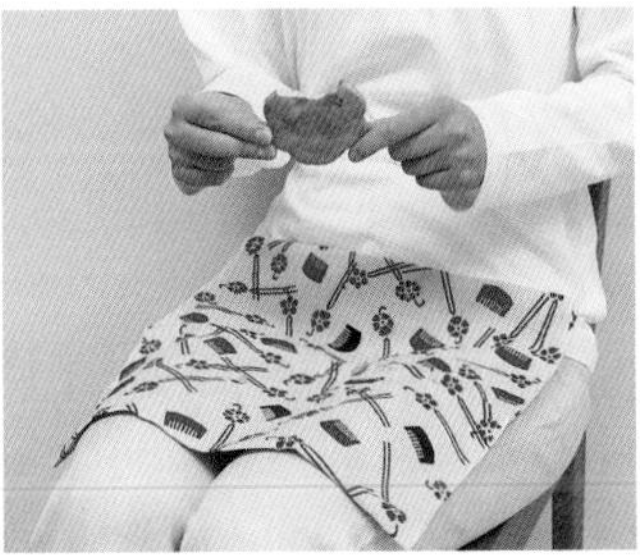

せんべいやクッキーを食べるとき、どうしても食べくずが出てしまいます。ひざに手ぬぐいを掛けておけば安心です。(櫛にかんざし)

カフェで冷たい飲み物を注文すると、水滴でベタベタになってしまうことも。手ぬぐいでさっと拭きましょう。(釘抜文 抹茶)

長さのある手ぬぐいは、首に巻けます。ちょっと肌寒いときの防寒に。(城下町)

雨の日は、たっぷり吸水してくれる手ぬぐいが役立ちます。(傘 水色)

淡い色の服を着て、ラーメンやカレーを食べるときの前掛けに。(梅にうぐいす)

テーブルに置いたくだものやお菓子などに手ぬぐいをさっと掛けて。（さる）

おやつ入れに掛けて。目隠ししておかないと、食べすぎちゃうので……。（いちご）

シーズンオフでしまうとき、ストーブや扇風機などに掛けておきます。（あられ）

洗い終わった食器に掛けて。しばらくしたら、掛けた手ぬぐいで拭きます。（唐草）

小物を入れたカゴに掛けて。中のごちゃごちゃを隠す役目も。（地染め豆絞り 紺）

やりかけの仕事に手ぬぐいを掛けて。翌日も、準備なしではじめられます。（すみれ）

ホコリよけ

「何かにカバーをする」というのも、手ぬぐいの使い道としておなじみ。ホコリや汚れ、直射日光などをよけてくれるうえ、見た目にも、部屋を明るくさせたり、ごちゃごちゃを隠せたりと、メリットが大きいようです。紹介した以外にも、棚に掛ける、鏡に掛ける、ふかしたイモに掛ける、大事な洋服に掛ける……と、いろいろなホコリよけに使ってみてください。

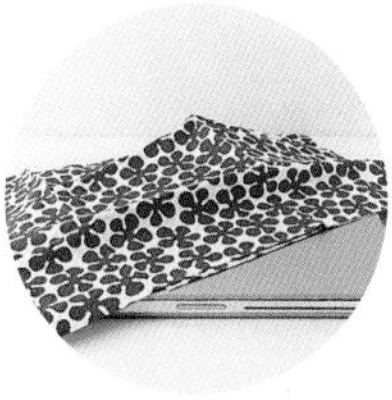

パソコンに掛けて。キーボードやプリンターにも掛けておくといいようです。

宝物に掛けて。掛けた手ぬぐいで、ときどき磨いたりもできます。(蔦)

使っていないとき、CDコンポ、ラジオなどのオーディオに掛けて。(コの字小紋)

電話やファックスに掛けて。ゴムを入れて、電話カバーを作ってから掛けてもＯＫです。

玉ネギやニンジン、ジャガイモなど、冷蔵庫に入れない野菜に掛けて。(唐辛子)

おかずに掛けて。ラップを掛けただけだと、何だか味気ない感じなので。(伊達巻)

ティッシュペーパーを包んで。飽きたら、別の手ぬぐいに替えましょう。(Kami)

食器棚に入らない土鍋などをホコリよけに包んでおいても。(関東縞、豆絞り 小 青)
＊包み方p.123

手ぬぐいでティッシュカバー

手ぬぐいを長さ半分に折り、ティッシュ箱を置きます。

左右を内側に折ります。

上下も内側に折ります。

左右の端を結びます。

でき上がり！

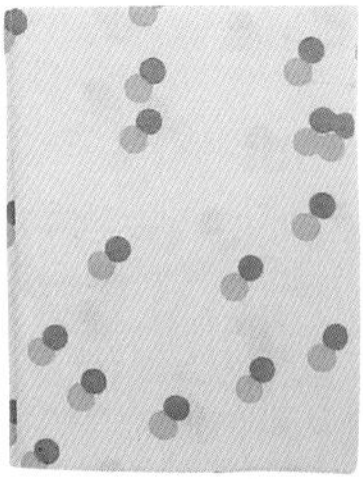

文庫本にもカバー。大好きなマッチラベルの本です。手ぬぐいはシンプルなもので。（型遊び まる＋まる）

A 5サイズの単行本にカバー。エッセイの中のレンコンの記事が印象的だったので、この柄。（れんこん）

本のおともに

手ぬぐいは1枚の布なので、いろいろなものを包んでカバーすることができます。それなら、大切な本も手ぬぐいでカバー。本のテーマに合わせて、手ぬぐいの柄を選ぶのも楽しいものです。また、おすすめの本に手ぬぐいをカバーして、そのまま誰かにプレゼントしても。もらった人の笑顔が想像できますね。

手ぬぐいブックカバー

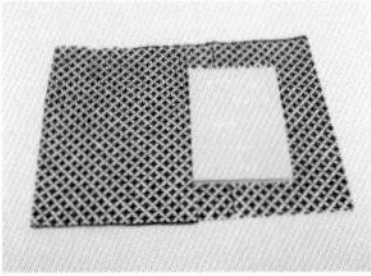

本の幅に合わせ、長さを折って調節します。

↓

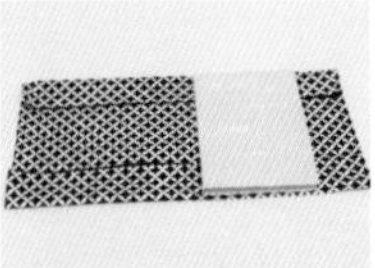

本の高さに合わせて、上下を折って調節。

↓

表紙をポケット状になっている部分に入れます。

↓

もう片方も入れて、でき上がり。（七宝）

手ぬぐいノートカバー

手ぬぐいをノートより約３センチ大きめに切り、角を折ってアイロン。

↓

表紙をポケットに入れます。もう片方も同様に。

↓

接着剤を何カ所かにつけて、固定させましょう。（つばめ）

手ぬぐいで栞《しおり》を作っても。

たくさんの本を包むなら、風呂敷。（綿風呂敷 えだがさね）

『あかてぬぐいのおくさんと７にんのなかま』。赤い手ぬぐいをかぶった奥さんが眠っているすきに、裁縫道具たちが大騒ぎして……。楽しいお話です。（イヨンギョン 文・絵／神谷丹路 訳、福音館書店）

衿つきシャツと合わせるときはアスコットタイ風にすると、きちんと感が出ます。(糸巻紋)

スカーフ風に首に巻くと、ポイントになって、着姿全体が引き締まります。(NAWA)

身につけ方

江戸時代の道はアスファルトなんかじゃなくて、土。人々は土ボコリをよけるために、手ぬぐいを頭にかぶったりしていました。それが、だんだんファッション性を帯びてくるようになり、流行のかぶり方や巻き方が出てくるようになったそうです。現代でももちろん、手ぬぐいを身につければ、ファッションのアクセントになりますね。

マント風にして颯爽と。(唐草)

胸に巻いて、ビスチェ風に。(地染め豆絞り 紺)

エプロンのひもに掛ければ、ファッション性＆機能性アップ。（たまご）

手ぬぐいが一部見えるようにポケットに。（ばら七宝）

男子なら、ベルト通しに手ぬぐいを引っ掛けて。（自転車）

手ぬぐいを細く折り、何重にも巻いて、端を入れ込みます。（NAWA）

首に巻いて１回結び、形をふっくら整えます。（糸巻紋）

みゆき袋を作ろう

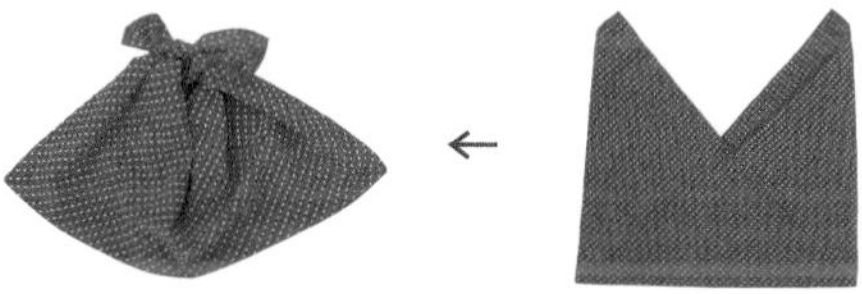

みゆき袋は、手ぬぐい１枚を切らずに縫い合わせるだけ。（地染めけし粒つなぎ 濃赤）

端を結んで使います。飽きたら、糸を抜けば、１枚の手ぬぐいに戻ります。

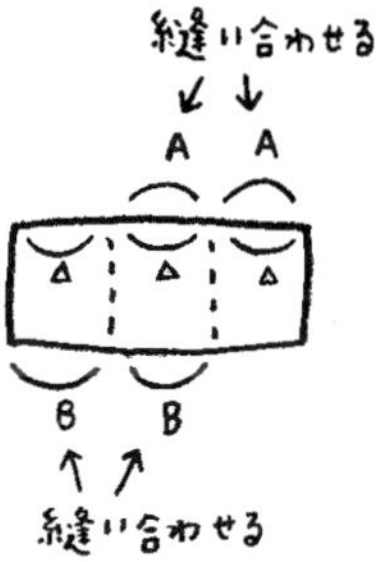

手ぬぐいは、ベルト通しに下げられる、粋な男の小道具です。

椅子おざぶは、部屋のインテリアのワンポイントに。しかも実用的です。

植木鉢を手ぬぐいでカバー。味気ない鉢も、おしゃれに変身します。

おやつをいただくときも、手ぬぐいは欠かせません。

夫婦それぞれ思い思いの手ぬぐいを手拭きに。毎日とり替えられるし、洗うのも楽です。

ハエ退治の一撃。ぬらしてからたたくと、さらに命中率がアップします。

「スノーボードのウエアの首が硬いので、あごにあたると痛いんです」。そこで、手ぬぐい。個性もアピールできます。

余分なぜい肉退治の道具として。どこでもできます。

手ぬぐいでのし袋を包んで、ふくさ代わりに。

極私的活用法

昔の夜桜見物は、暗い中、仲間同士で同じ手ぬぐいを作って肩に掛け、仲間分けの識別をしたそうです。なんて風流な使い方なんでしょう！　手ぬぐいの使い方は本当に多種多様。いろんな場面で手ぬぐいをとり出し、自分流に活用してみてください。きっと、あなたも、まわりの人も、楽しい気分になりますよ。

洗濯物の目隠し。手ぬぐいは風通しがよいので、中の洗濯物も乾きます。

髪を留めて、そのあと顔をふける。一石二鳥。さすが手ぬぐい！

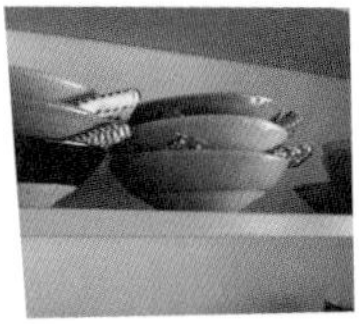

皿が傷つかず、見た目もきれい。季節ごとにとり替えるのも楽しみです。

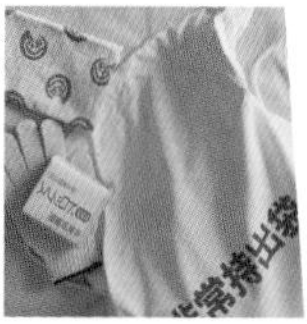

非常持出袋に手ぬぐいを入れておきます。何かと役立ってくれますから。

手ぬぐいがボロになってきたら、グローブ磨きとして使います。

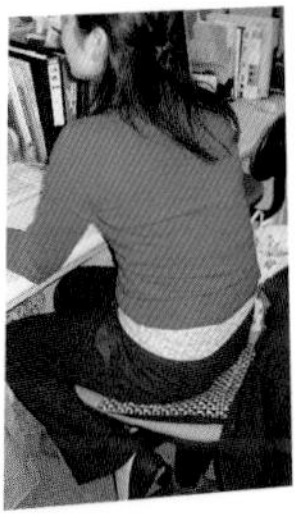

腰冷え防止に。カイロをはさむと、なおよし。

武器に。重いものを詰めて振り回します。よい子はまねをしないでください。

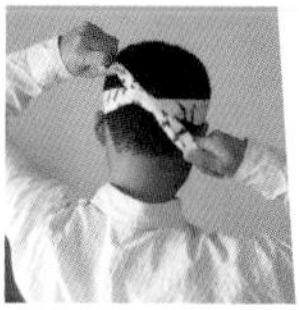

気合いを入れたいときに、ひとしばり！

ネコの前掛けに。やっぱり魚柄がお気に入り。

洗濯物をはさみます。早く乾かしたいときに便利です。

野球の練習に使います。ナイスピッチングのために。

ここからは
おまけのページだよ～

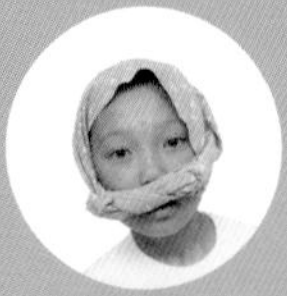

付録

手ぬぐいを折る、包む、かぶる。

折る 01 tenugui

カトラリーケース

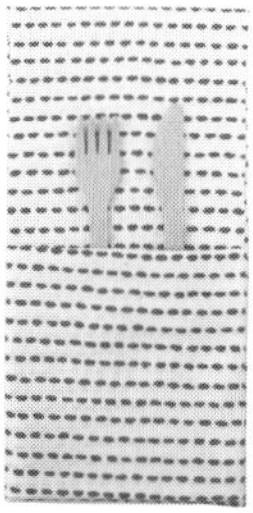

ポケットにナイフやフォーク、スプーンなどを入れられるようになっています。左右の幅も調節できます。

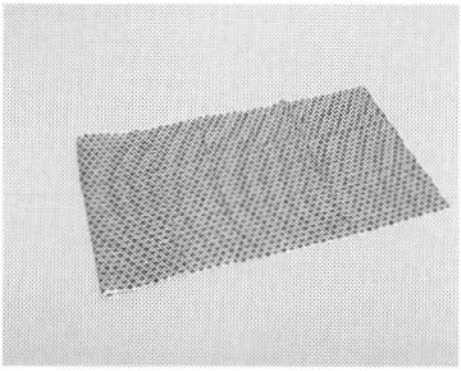

1. 手ぬぐいを適当な長さに折り、ポケットを作るように、再び折ります。

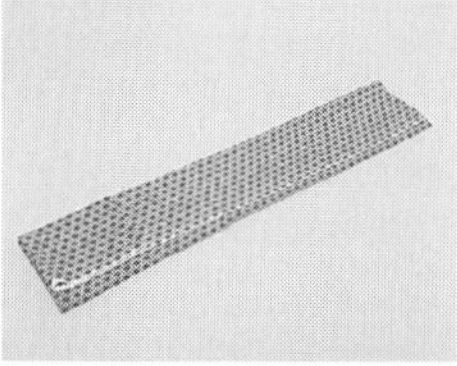

2. ポケットを外側にして、縦に三つ折りにします。

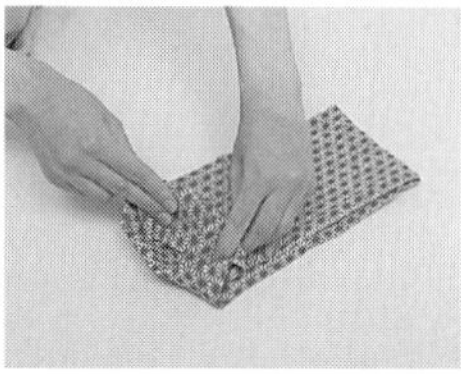

3. 長いところを折って、端をポケットの下に入れ込みます。

4. でき上がり。こちらが表側。裏もすっきりしています。

折る 02 tenugui

スイカ

「皮付きスイカ」の手ぬぐいの柄を生かして、ひと切れのスイカを作れます。なお、スイカの大きさは調節できます。

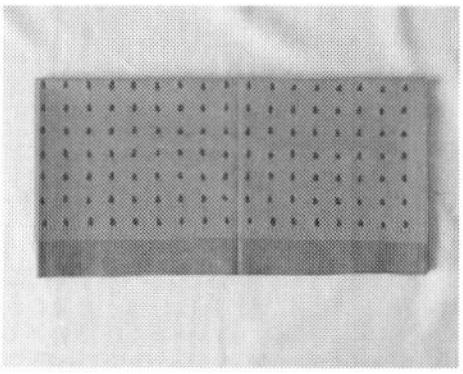

1. 手ぬぐいを幅半分に折り、さらに、適当な長さになるように折ります。

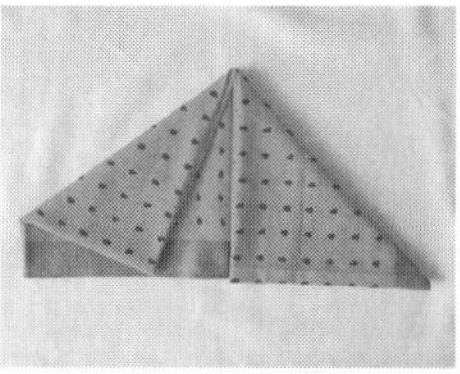

2. 左の角を底辺に合わせて三角に折り、右は辺をそろえて折ります。

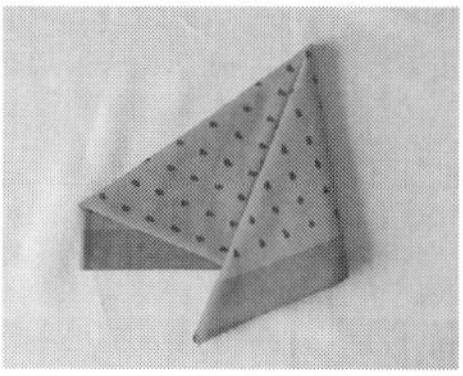

3. 右をもうひと折りします。

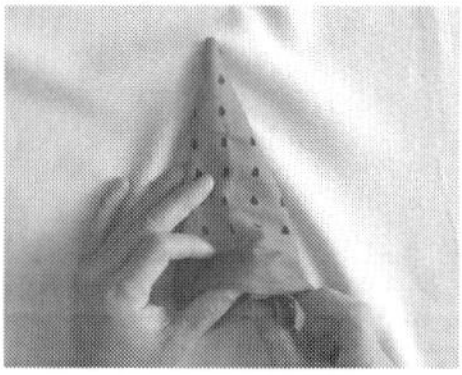

4. ひっくり返して、底辺の皮のところから飛び出ている部分を中に押し込みます。

折る 03 tenugui

おひなさま

着物を着たおひなさま。顔を描いた紙を入れたり、リボンやひもで帯を作っても可愛くなります。

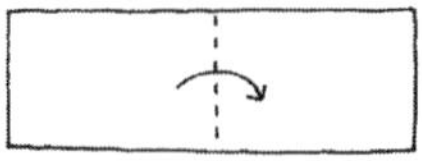

1. 手ぬぐいを広げ、長さを半分に折ります。

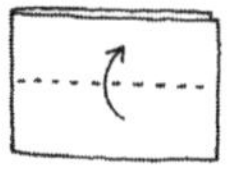

2. 幅を半分に折ります。

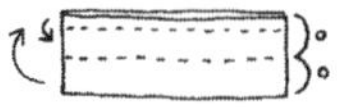

3. さらに幅半分に折って、一方は端を1センチくらい折り込みます。

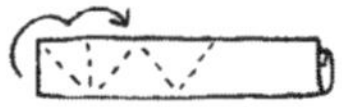

4.「わ」を下にして、たすきを巻くような感じで谷折りしていきます。

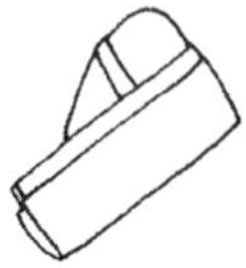

5. 端が少し残るまで巻きます。

6. 残った端をポケットに入れ込みます。

折る 04 tenugui

着物

ちょうど着物を着ているように見える折り方です。帯はハギレや紙などで、帯締めはひもなどで結んで、コーディネートを楽しみましょう。

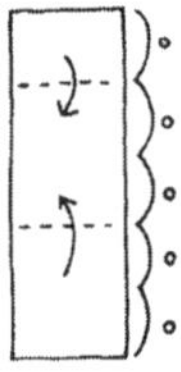

1. 下は長さ5分の2で折り、上は5分の1のところで折ります。

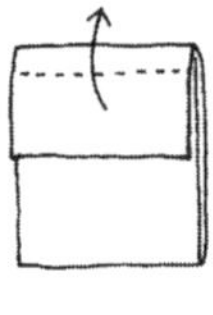

2. 上から3センチのところで谷折りします。

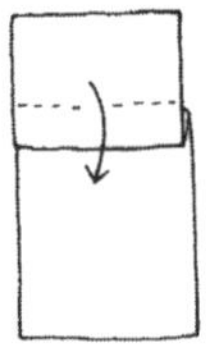

3.「2」で折った折り目よりも1センチ上で谷折りします。

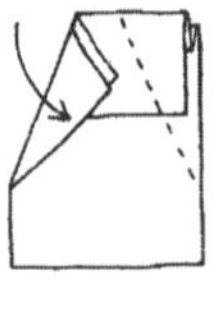

4. 左の角を斜め下に折ります。同様に、右の角も折ります。

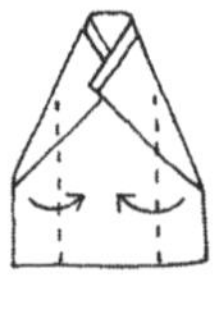

5. 幅を3等分したところで、両端を内側に折ります。

6. 裾にあたる下側を2回折り上げます。帯と帯締めを飾って、でき上がり。

折る 05 tenugui

半てん

とても１枚の手ぬぐいからできているようには見えませんね。昔からある折り方で、折ると、胸に紋がちゃんと入り、本物の半てんのようになる手ぬぐいもあるようです。

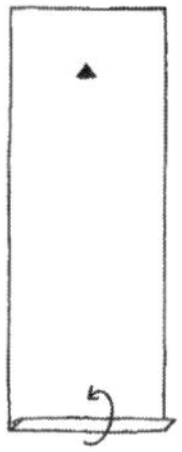

1. 下の端を細く、２回折り上げます。

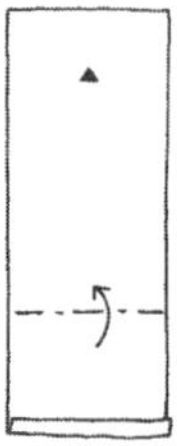

2. 下から25センチくらいのところで折り上げます。

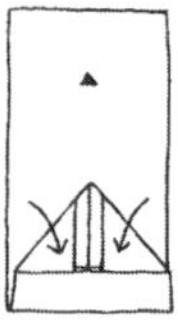

3. まん中で合わせるように、左右の角を内側に折ります。

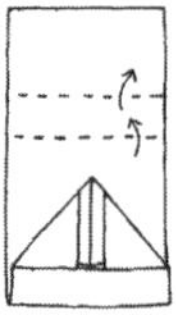

4. 上の端から25センチのところで山折り、折り線から５センチのところを谷折り。

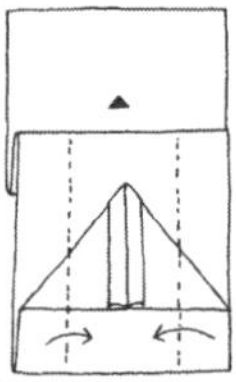

5. 下側の両端を内側に折ります。

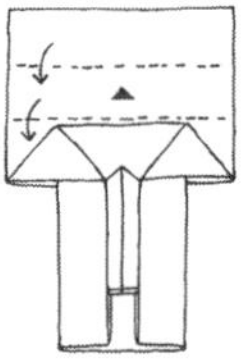

6. 上部を端から２回折ります。

7. 上に出ているところを下に折り込みます。

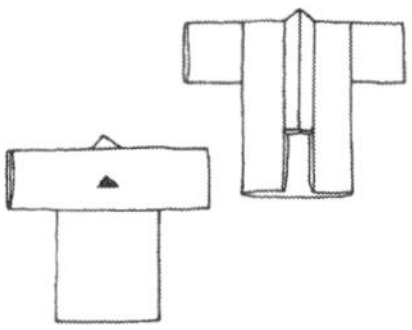

8. でき上がりです。袖を下に１回広げると、袖が長くなります（写真）。

財布

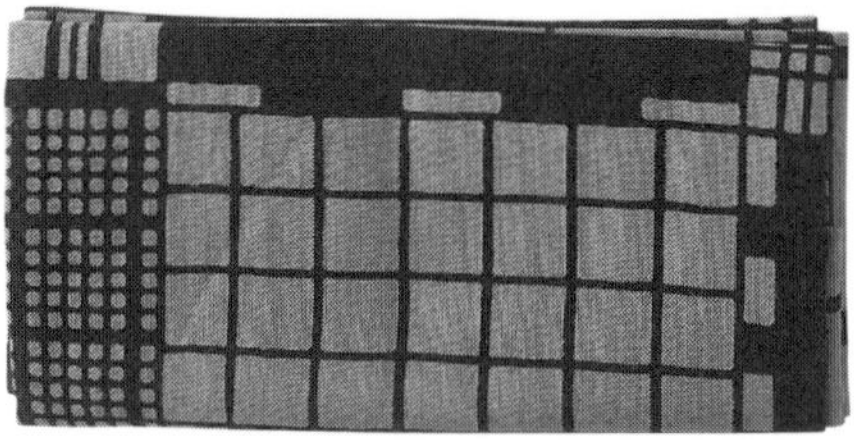

手ぬぐいを折って作る財布。ちゃんと、ポケット状になっているので、お札やコインが入ります。持ち歩くときは、ひもで軽く巻いてもいいでしょう。

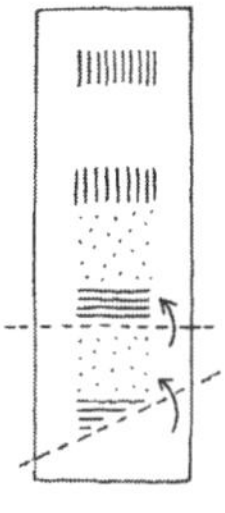

1. 下の端を斜めに折り上げてから、もう少し上をさらに折り上げます。

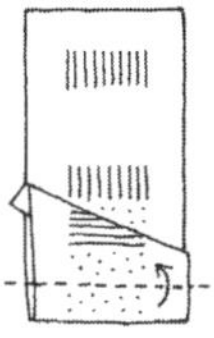

2. 下の「わ」になったところを折り上げます。

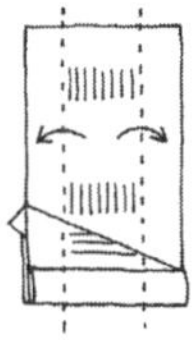

3. 左右の端を下に折り込み、まん中で合わせます。（裏返してから折ると、スムーズ）。

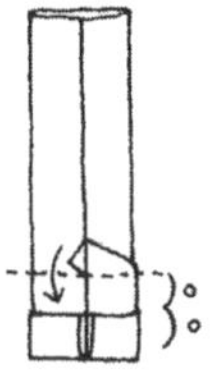

4. 下の袋状の部分の幅と同じ幅のところを折り線にして、上の端を谷折りします。

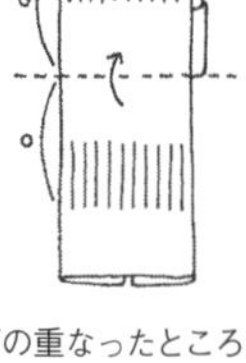

5. 下の重なったところと同じ幅のところを折り線にして、下の端を折り上げます。

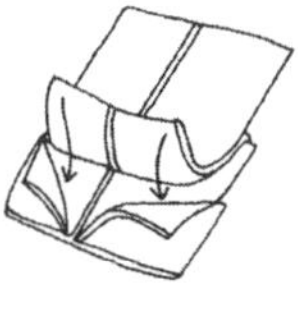

6. 上にある「わ」をその中側にあるポケットに入れ込みます。

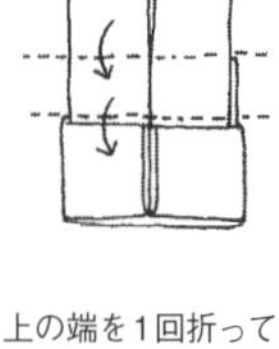

7. 上の端を1回折ってからもう一度折り、いちばん下の端に入れ込みます。

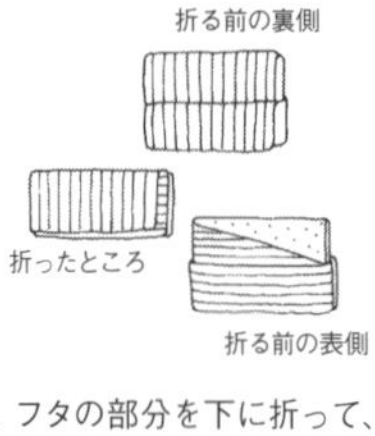

8. フタの部分を下に折って、でき上がりです。

折る 07 tenugui

カブト

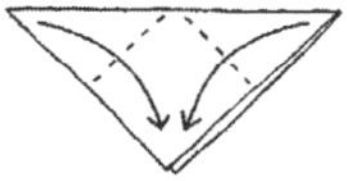

1. 手ぬぐいを正方形に折ります。角を合わせ三角に折り、さらに四角に。

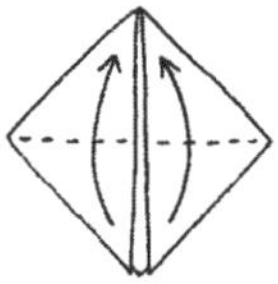

2. 下の2つの角を折り上げます。

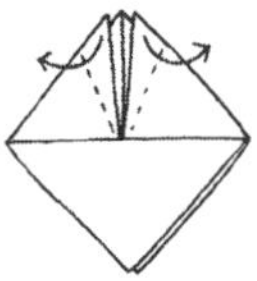

3. 点線のところで、角を広げるように、斜めに小さく折ります。

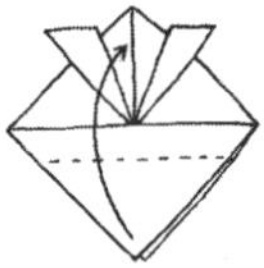

4. 点線のところで、下の角を折り上げます。

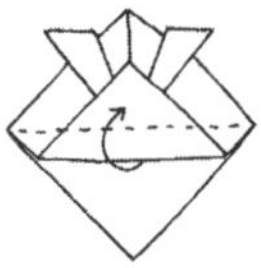

5. さらに、対角線のところまで、もう1回折り上げます。

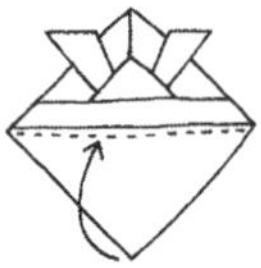

6. 下の角を折り上げて、内側に入れ込み、でき上がり。

昔、古新聞を折って作ったカブトを手ぬぐいで折ってみましょう。ちっちゃな赤ちゃんなら頭にかぶれますよ。

折る 08 tenugui

鯉のぼり

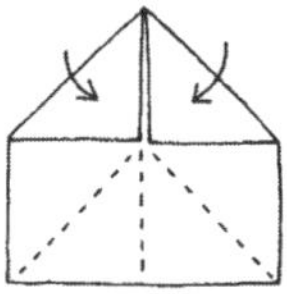

1. 手ぬぐいを四角に折ります。上の角をまん中に折って合わせます。

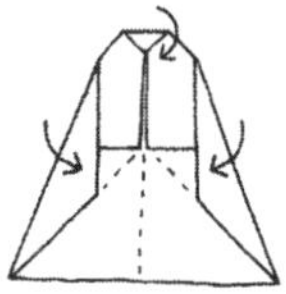

2. 下の斜めの線に合わせて、両側をさらに折り、頭の部分も折ります。

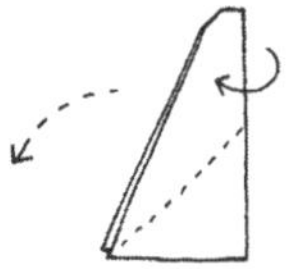

3. 内側に半分に折り、横に倒します。

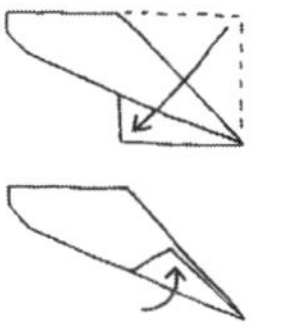

4. 上の角を内側に折り込んで下から出し、出た部分を折り上げて、折り目をつけます。

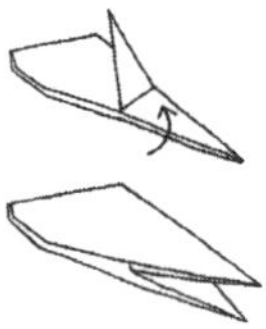

5. 折り目をつけたところを内側に折り込みます。

6. しっぽのところを少し折り上げて、でき上がりです。

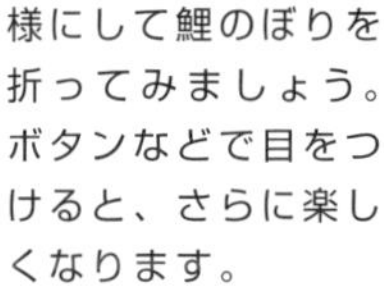

折り紙で折るのと同様にして鯉のぼりを折ってみましょう。ボタンなどで目をつけると、さらに楽しくなります。

折る 09 tenugui

鍋つかみ

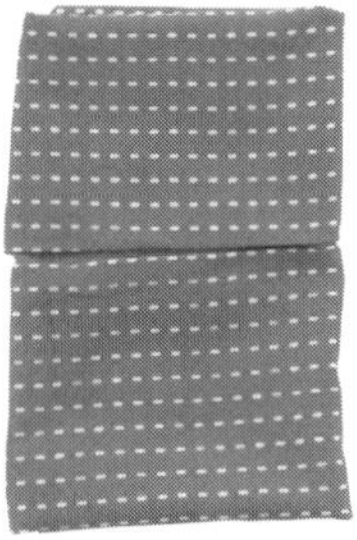

手ぬぐいを何回か折るだけでできます。ポケット状になったところに、親指とそれ以外の指をそれぞれ入れて使います。

1. 手ぬぐいの両端を畳みます。

2. まん中に向かって、左右を折ります。

3. 裏返して、両端をまん中で重ねます。

4. 片方の端をもう一方の端の中に差し込みます。

包む 01 tenugui

ビン包み その❶

お酒などのビンを包むときの方法です。一升ビンなどの大きなビンのときは、斜めに巻くといいでしょう。

1. 手ぬぐいの上にビンを寝かせておき、下の端を折り上げます。

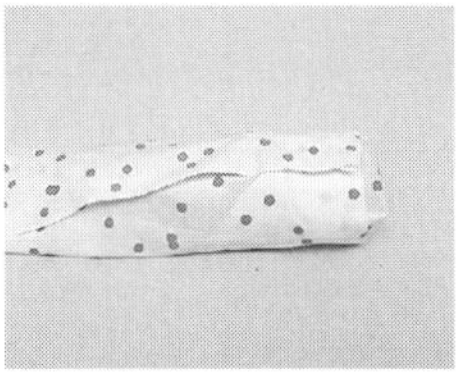

2. ビンの丸みに沿って、手ぬぐいを巻きます。しわにならないように注意しながら。

3. ビンの胴部分を押さえながら、手ぬぐいの残った部分をきつめにねじります。

4. ねじったところをビンの首に巻きつけ、端を下から1回通して締めます。

tenugui 包む 02

ビン包み その❷

持ち手を作った、ビンの包み方です。持ち運ぶときに便利です。

1. 手ぬぐいを広げ、上部を多めに残して、ビンを置きます。

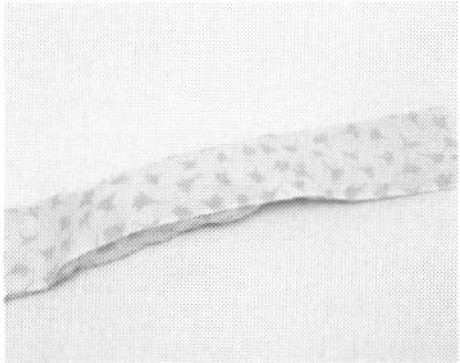

2. ビンの丸みに沿って、手ぬぐいを巻きつけます。

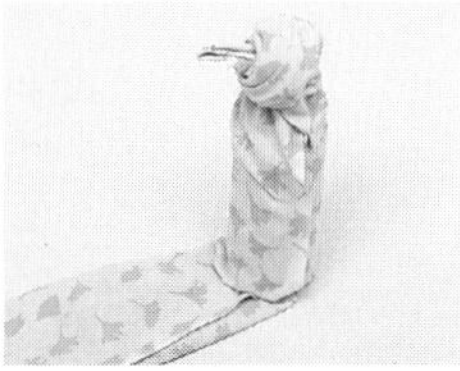

3. 上部をひねってビンの首に巻きつけます。

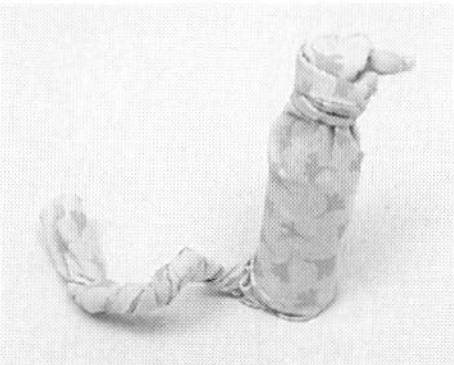

4. ビンを固定しながら、たくさん残っている側をひねって細くし、「3」の結び目に通します。

tenugui 包む 03

ペットボトルホルダー

ペットボトルを持ち運ぶときに便利な包み方です。ビン包みのその2とよく似ています。

1. 手ぬぐいの端を少し折り込み、ペットボトルを置いて、首のところでしばります。

2. ペットボトルを包み、余った手ぬぐいをねじって細くします。

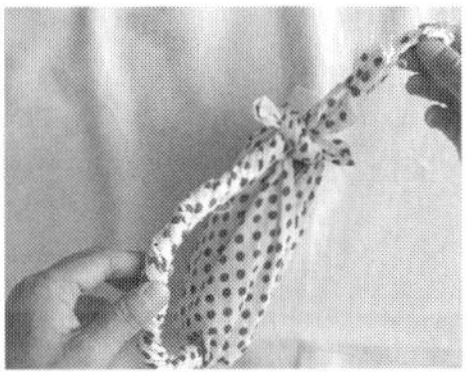

3. ねじった先を、「1」の結び目に下から通し、1回結んででき上がりです。

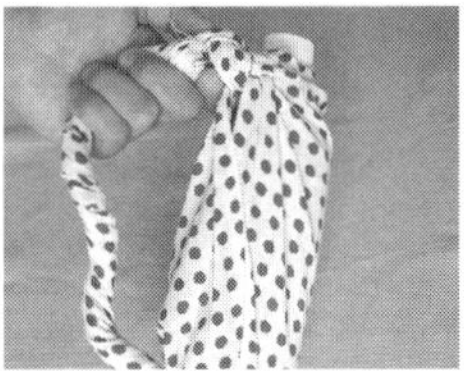

4. ねじったところが持ち手になって、持ち運びにも便利です。

包む 04 tenugui

くだもの包み

ミカンやキウイフルーツなど、丸いくだものを包むときの方法です。

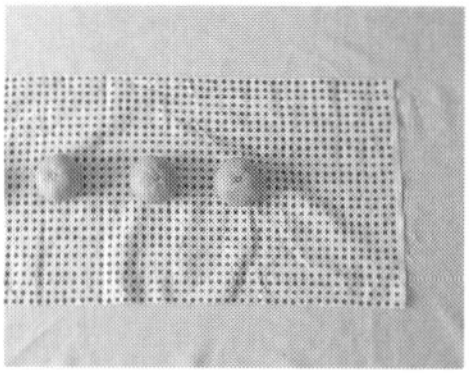

1. 手ぬぐいを広げ、くだものを等間隔に置きます。

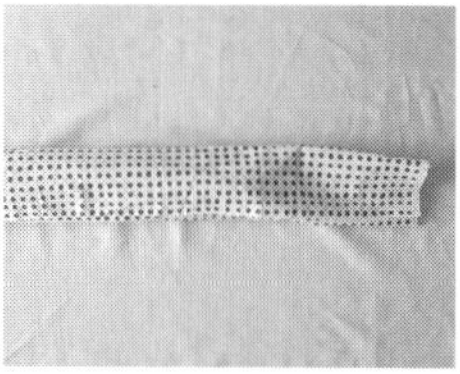

2. 両わきを折り上げ、包むようにします。

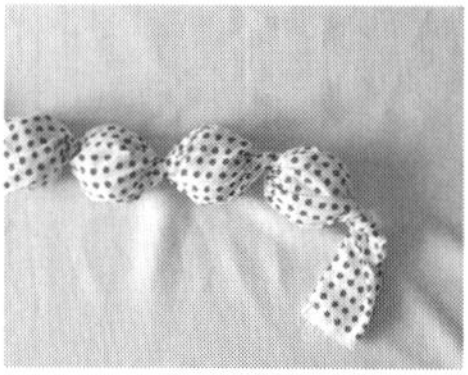

3. 1個ずつねじりながら包みます。

4. あとは、端を結んで、でき上がりです。

包む 05 tenugui

箱包み その❶

結び目を中心に持ってくるなら、箱をまん中におきます。また、大きい箱は手ぬぐいを２枚横に並べて（端を少し重ね）包みます。

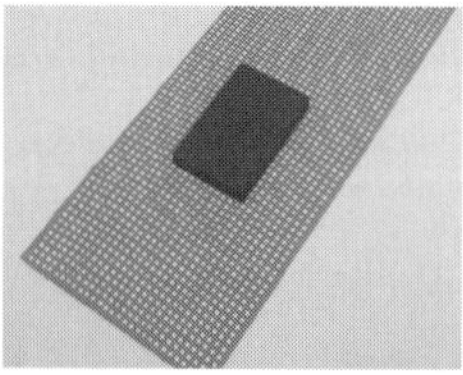

1. 手ぬぐいを広げ、箱を置きます。

2. 両わきを折り上げ、包むようにします。

3. 上下の端を中心に向かって立ち上げ、結びます。

包む 06 tenugui

箱包み その❷

手ぬぐいが斜めに巻きつくので、柄ゆきの楽しめるもので包んでもいいでしょう。

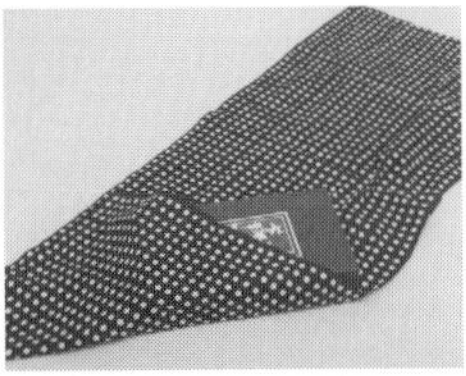

1. 手ぬぐいを広げて箱を適当な位置に置き、角を斜めに折り上げます。

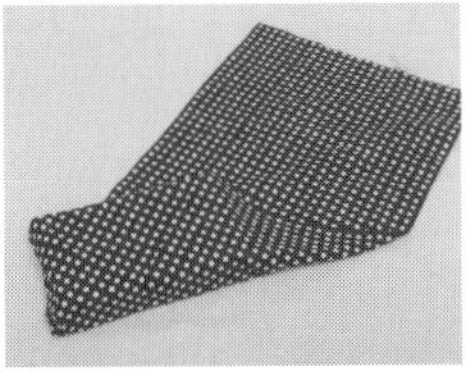

2. 手ぬぐいの左端を箱に沿って折り、箱ごと上に折り返します。

3. 手ぬぐいの上の角を手前に折り、余った部分をねじって結びます。

包む 07 tenugui

合わせ包み

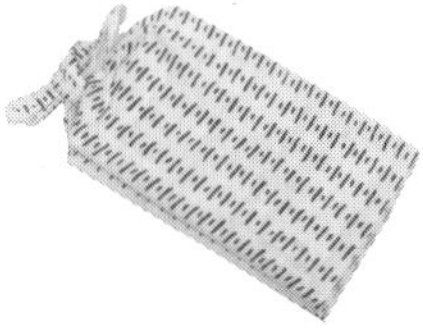

箱のほか、小さいビンや本なども包めます。最後に結ぶとき、片方をねじって、結んでもいいでしょう。

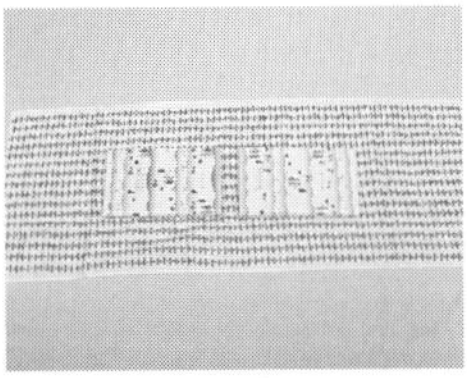

1. 手ぬぐいを広げ、箱の厚み2個分の間隔をあけて、2つの箱を置きます。

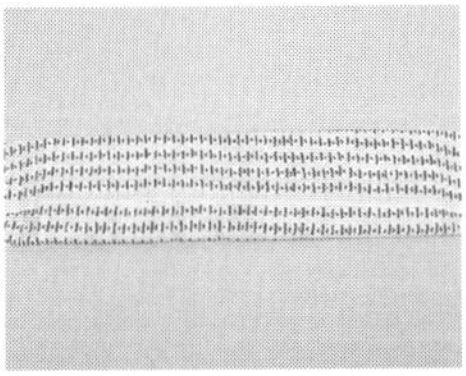

2. 両わきを折り上げ、包むようにします。

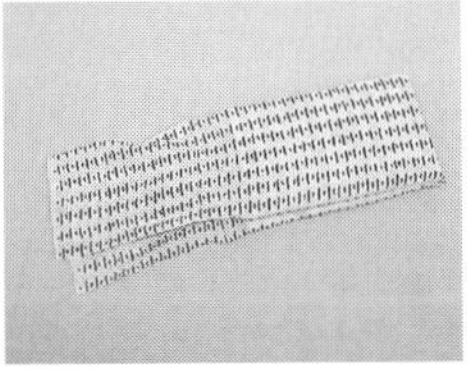

3. 手ぬぐいが開かないようにしながら、両端を持って、半分に折ります。

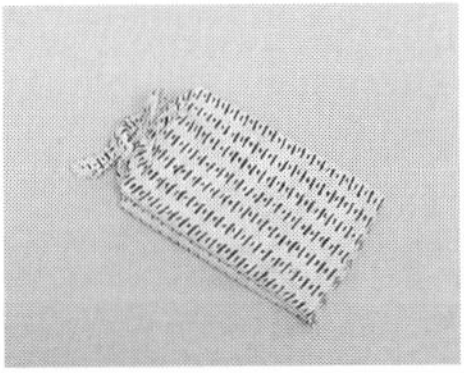

4. 力を入れてしっかり握りながら、両端を結びます。

包む 08 tenugui

円形包み

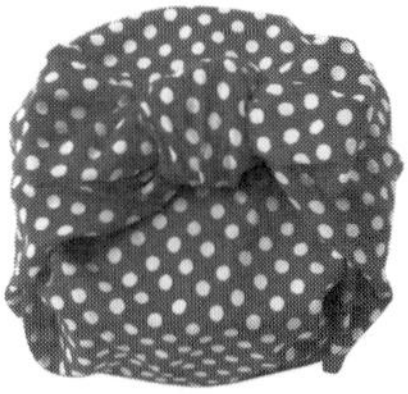

丸い形に沿うようにしながら包みます。結んだ端は結び目に入れて隠すことで、すっきりした見た目になります。

1. 手ぬぐいを包むものの上にかぶせます。

2. 包むようにしながら、両端を斜めに折ります。

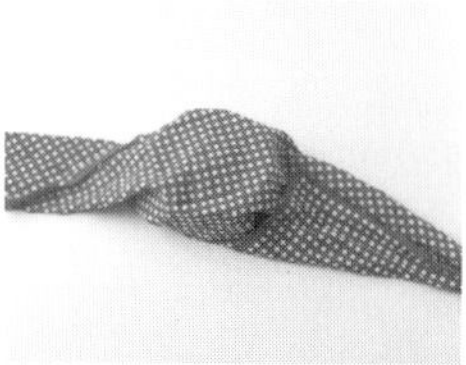

3. さらに両端をねじって、包むものに密着させます。

4. 両端を上に持ってきて2回結び、結んだ端を結び目に入れ込みます。

包む 09 tenugui

バゲット包み

バゲットのような細長いものも、手ぬぐいならきれいに包めます。手ぬぐいを斜め使いにするのがコツです。

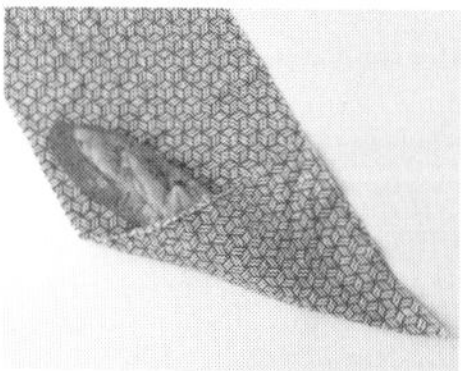

1. 手ぬぐいを広げてバゲットを斜めに置き、角を折ってかぶせます。

2. 底部分を折り返します。

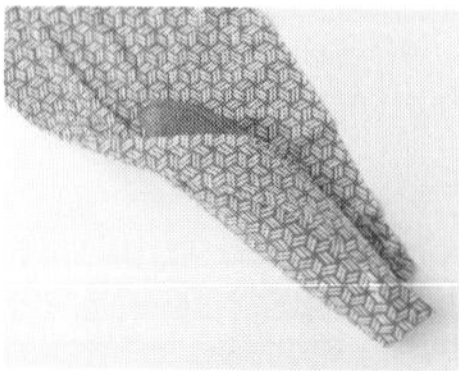

3. くるくると回しながら包んでいきます。

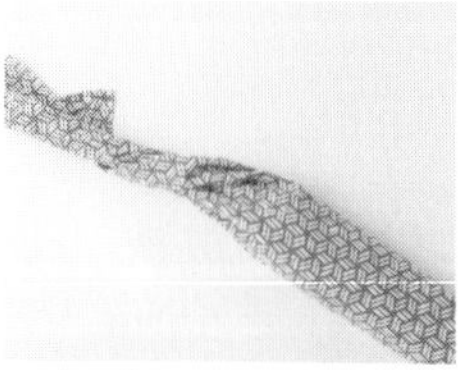

4. 包み終わったら、端をねじって、ひと結びします。

包む 10 tenugui

器包み

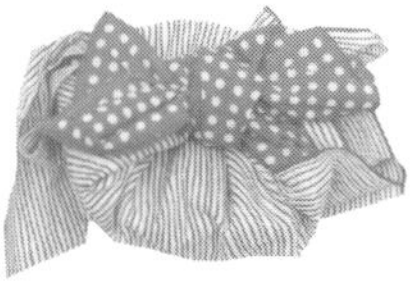

器の間に手ぬぐいをはさみ、割れにくくする包み方です。贈り物のときなどにも。

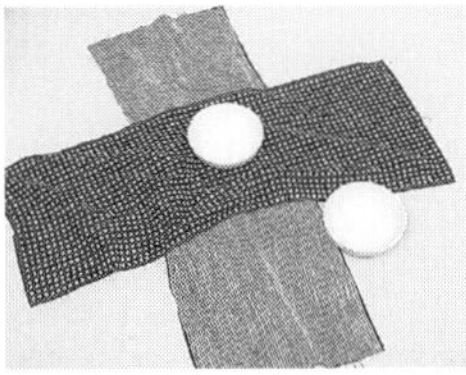

1. 2枚の手ぬぐいを交差させ、重なったところに器を置きます。

2. 下側にある手ぬぐいを折り上げ、器をもう1つのせます。

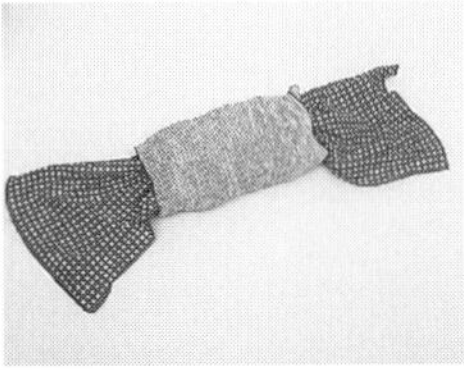

3. 同様に、下側にある手ぬぐいのもうひとつの端を折り上げ、器を包みます。

4. もう一方の手ぬぐいを両端から持ってきて、結びます。

かぶる 01 tenugui

簡単かぶり

頭にかぶって、後ろでラフにひと結びするだけの、とても簡単なかぶり方です。

1. 手ぬぐいを頭にのせます。

2. 両端をつかみます。

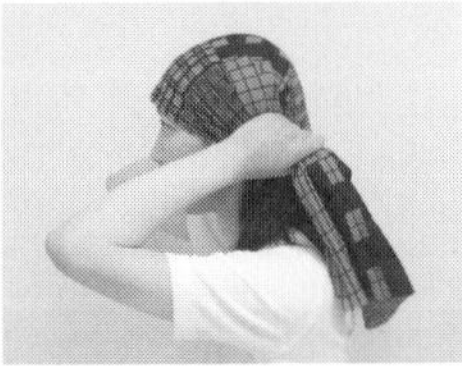

3. 両手をうしろに持っていきます。

4. ラフにひと結びします。

かぶる 02 tenugui

現代かぶり

両端をねじって結ぶことにより、よりしっかりしたかぶり方になります。

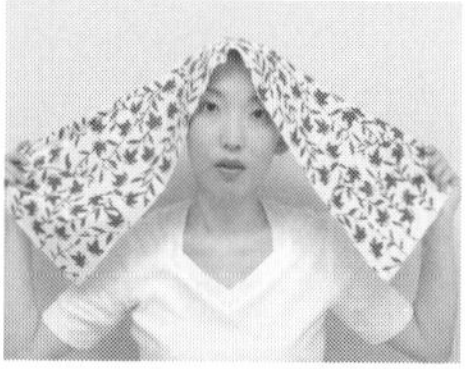

1. 手ぬぐいの中心を頭の中心に合わせてのせます。

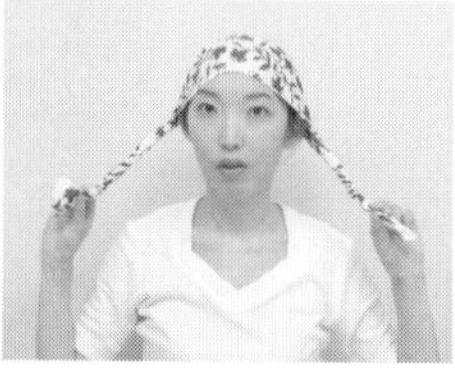

2. 頭を包み込むようにして、両端をねじります。

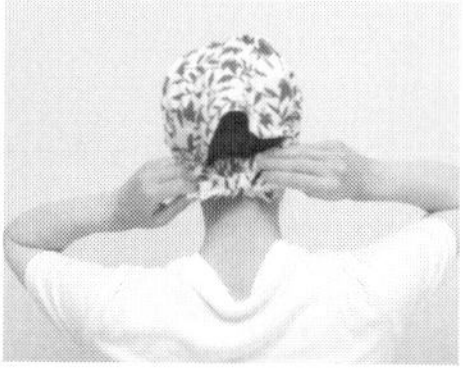

3. ねじった部分をうしろに回し、結びます。

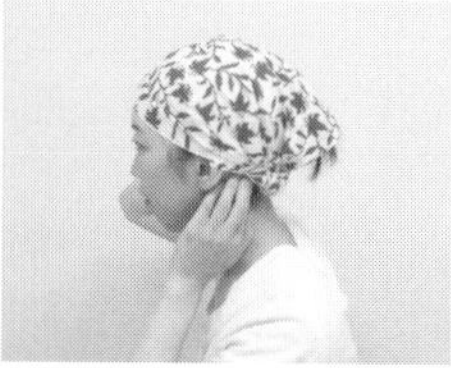

4. 結び目の余った部分を、内側に入れ込みます。

かぶる 03 tenugui

姉さんかぶり

古きよき日本のお母さんのイメージですね。料理のときの三角巾代わり、掃除のときのホコリよけとして。

1. 手ぬぐいの中心を頭の中心に合わせて、額にあてます。

2. 髪を包み込むようにして、右端を左前へ、左端を右前へかぶせます。

3. でき上がりです。

tenugui かぶる 04

けんかかぶり

「手ぬぐいで作る帽子」といった雰囲気のかぶり方です。

1.手ぬぐいの端を折り込み、筒状に頭に巻きます。

2. 筒の後ろ部分を頭に沿って中に折り込みます。

3. 筒の前の部分を後ろにたぐり寄せます。

4. たぐり寄せた手ぬぐいの両端を結びます。うまく結べないときは、ピンで留めてもOK。

tenugui かぶる 05

左ほおかぶり

ほおかぶりのアレンジバージョン。結び目を左わきに持ってきます。耳は出しても出さなくても、お好みで。

1. 手ぬぐいの右手側を長めにして頭にのせます。

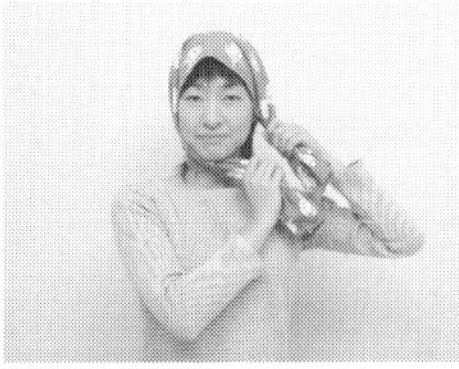

2. あごの下を回して、両端を左側に持ってきます。

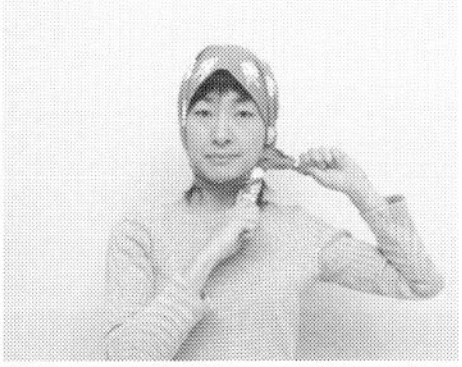

3. そのまま結びます。

4. そのままでも、もう1回結んでもOKです。

かぶる 06 tenugui

しのび

「しのび」とは忍者のこと。忍者のかぶり方ですね。口まで覆うので、温かいという利点も。

1. 手ぬぐいの右手側を長めにして頭にのせます。

2. 両端を後ろからたぐり寄せ、前に持ってきます。

3. 右手側の手ぬぐいを1回ねじり、開きぎみにして口を覆い、左ほおで結びます。端をまとめ、結び目ごと入れ込みます。

問い合わせ先

p031 北見ハッカ通商 ………………… https://hakka.be
p043 越後鶴屋 ………………………… https://omochiya.jp/
p043 麻布十番 たぬき煎餅 ……… https://www.tanuki10.com/
p043 比沙家 ……………………………… https://www.kyo-yakiguri.com/
p064 軽井沢 旬粋 …………………… https://www.syunsui.com/
p064 八文字屋本店 ………………… http://www.hachimonjiya.co.jp/
p064 銀座・伊東屋 ………………… https://www.ito-ya.co.jp/
p064 OVERRIDE（帽子屋override）… https://overridehat.com/
p088 おせんべいやさん本舗 煎遊 …… http://www.osenbeiyasanhonpo.jp/
p089 HIGASHIYA GINZA ………… https://www.higashiya.com/
p089 蜂の家 ……………………………… https://www.hachinoya.co.jp/
p089 紫野和久傳 堺町店 ………… https://www.wakuden.jp/
p107 福音館書店 ……………………… https://www.fukuinkan.co.jp/

赤ちゃんの甚平を作る（P70－71）

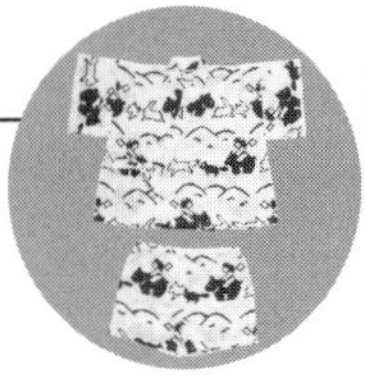

【製 図】 単位 cm

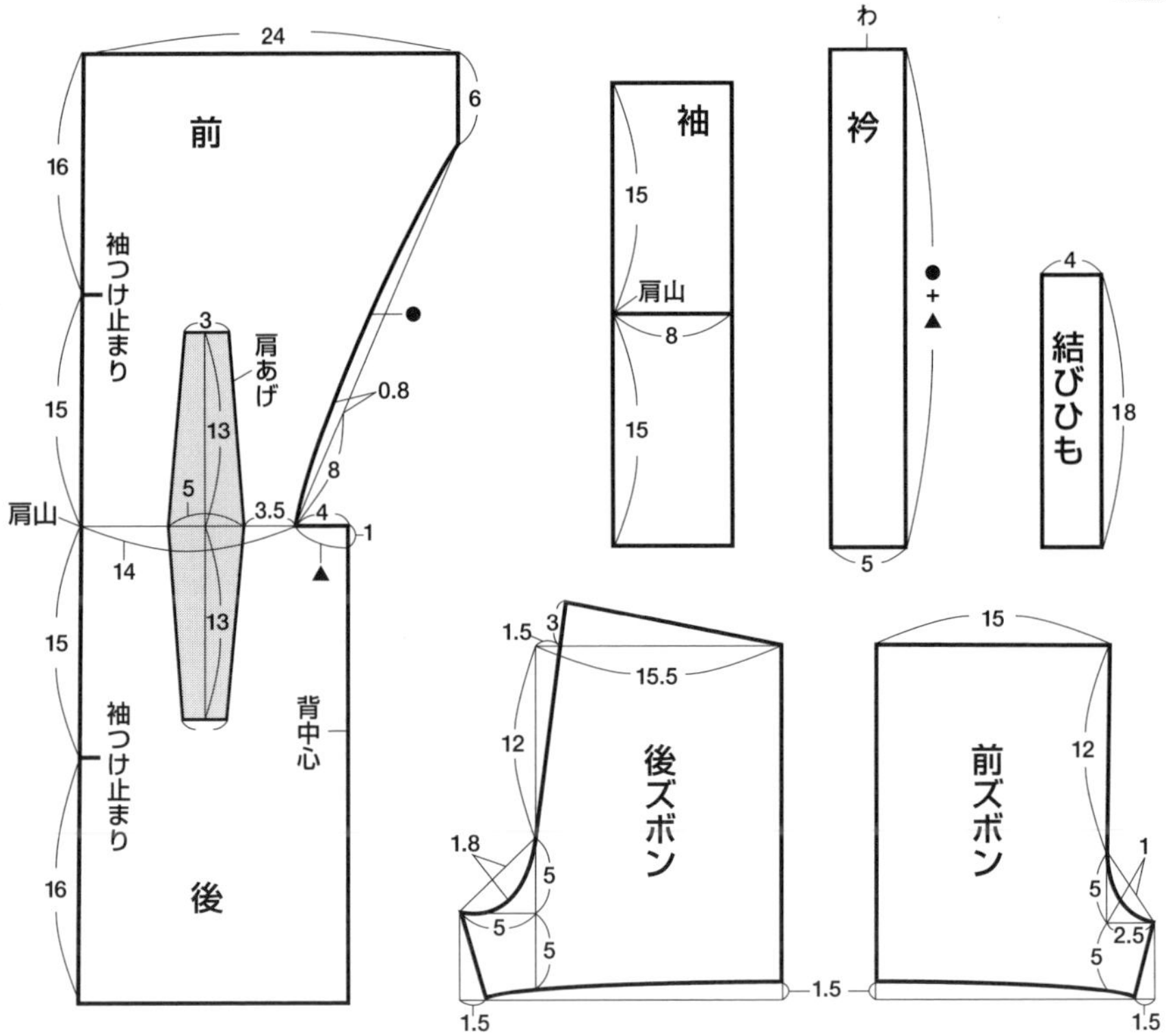

【裁断図】

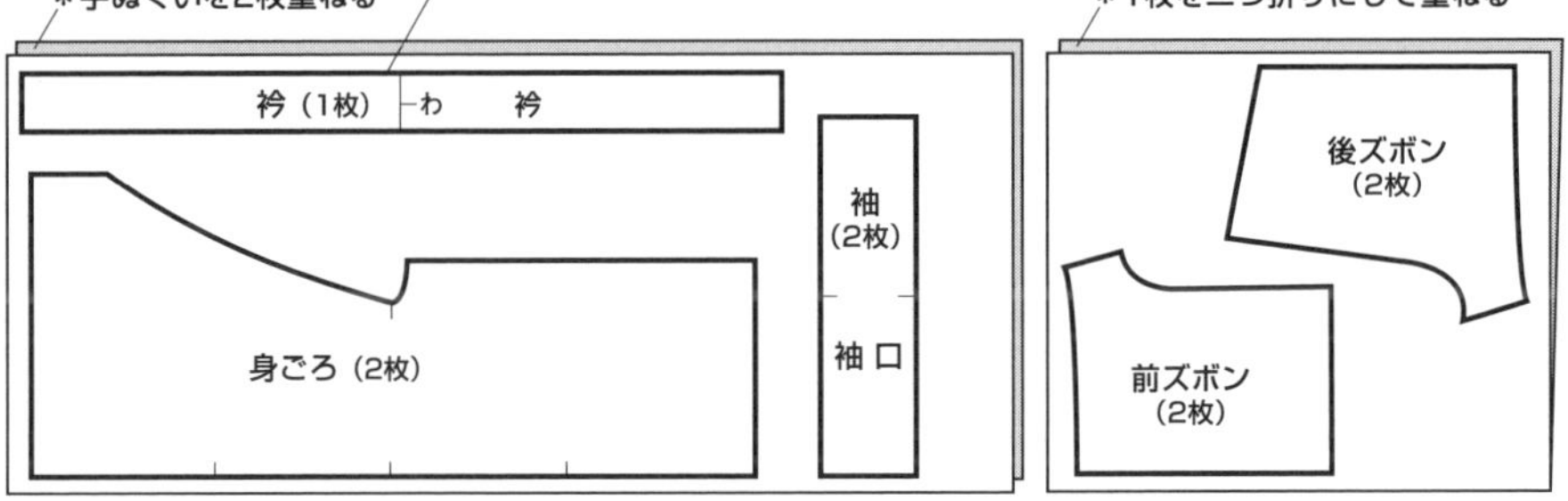

制作協力　株式会社かまわぬ

かまわぬは、手ぬぐいの専門店として1987年8月28日代官山に開店し、1990年に会社を設立しました。現在では約450種の手ぬぐいを取りそろえ、江戸小紋柄、季節柄、動物柄など古典から現代的な柄までを、さまざまな使い方を提案しながら販売しております。手ぬぐいのほか、和雑貨を取り扱い、季節感を意識した商品作りを心掛けています。
ショップでは「特別に何のお構いもできませんがお気軽にお立ち寄りください」という意味を込めて、「かまわぬ」を店名にいたしました。手ぬぐいを売ることだけが目的ではなく、手ぬぐいなど古きよきものを現代の感覚で伝え、心地よく楽しい生活を送るためのお手伝いをしていきたいと考えています。

■ 直営店

代官山本店
東京都渋谷区猿楽町23-1
TEL 03-3780-0182

立川店
東京都立川市柴崎町3-2-1
グランデュオ6F
TEL 042-540-2245

原宿店
東京都渋谷区神宮前1-10-10
太田記念美術館B1
TEL 03-3401-7957

丸の内店
東京都千代田区丸の内1-5-1
新丸の内ビルディング4F
TEL 03-3211-5277

名古屋店
愛知県名古屋市中村区名駅1-1-4
ジェイアール名古屋タカシマヤ11F
TEL 052-566-8486

浅草店
東京都台東区浅草1-29-6
TEL 03-6231-6466

小粋新宿店
東京都新宿区西新宿1-1-3
新宿ミロードモザイク通り
TEL 03-3349-5664

■ 本社
東京都渋谷区東3-12-12 祐ビル3F
TEL 03-3797-4788

■ HP
https://kamawanu.jp

制作担当
秋葉美保、深田太朗、
茂木志乃
(株式会社かまわぬ)

撮影
本間直子、鈴木亜希子

装丁
白畠かおり

本文デザイン
佐久間麻理

イラスト
はやしゆうこ

モデル
かまわぬスタッフ、いのうえはるき、
じゅんこ、鯛之介、はんな

英文タイトル
川崎ゆかり

編集協力
菅原すみこ

構成・編集
小畑さとみ

＊本書は2014年5月小社刊『かまわぬの手ぬぐい使い方手帖　最新版』を新装したものです。
＊本文中のデータ、情報は2014年5月現在のものです。
＊本文中の手ぬぐいの中には限定品・非売品・廃番商品もあり、店舗では購入できない場合もあります。
＊本書の内容に関するお問い合わせは、お手紙かメール(jitsuyou@kawade.co.jp)にて承ります。
恐縮ですが、お電話でのお問い合わせはご遠慮くださいますようお願いいたします。

かまわぬの手ぬぐい使い方手帖　最新版

二〇一四年五月三〇日　初版発行
二〇二一年五月二〇日　新装版初版印刷
二〇二一年五月三〇日　新装版初版発行

編　者　河出書房新社編集部
発行者　小野寺優
発行所　株式会社河出書房新社
〒一五一-〇〇五一
東京都渋谷区千駄ヶ谷二-三二-二
電話（〇三）三四〇四-一二〇一（営業）
（〇三）三四〇四-八六一一（編集）
https://www.kawade.co.jp/

印刷・製本　三松堂株式会社

Printed in Japan
ISBN978-4-309-28881-9